Die Ankerwicklungen

der

Gleichstrom-Dynamomaschinen.

Entwicklung und Anwendung einer allgemein
gültigen Schaltungsregel.

Von

E. Arnold,

Ingenieur, Docent für Elektrotechnik und Maschinenbau
am Polytechnikum Riga.

Mit zahlreichen in den Text gedruckten Figuren.

Berlin.   1891.   **München.**

Julius Springer.   R. Oldenbourg.

Vorwort.

In meinen Vorlesungen über Elektrotechnik, die ich am Polytechnikum in Riga halte, stellte sich mir die Schwierigkeit entgegen, in knapper und leichtverständlicher Weise die verschiedenen Wicklungs- und Schaltungsmethoden der Anker von Gleichstromdynamomaschinen derart zu behandeln, daſs die Studierenden imstande waren, selbständig vorzugehen und eine beliebig gestellte Wicklungsaufgabe zu lösen.

Ich bemühte mich infolgedessen, für die verschiedenen Wicklungen Schaltungsregeln aufzustellen, und kam zu dem Resultate, daſs sämtliche sog. geschlossene Ankerwicklungen für Parallel- und Reihenschaltung, und zwar sowohl für Ring-, Trommel- als Scheibenanker sich einer gemeinsamen Regel fügen. Nun war es ein Leichtes, die Wicklungen in der angestrebten Weise zu behandeln.

Die besonderen und gemeinsamen Eigenschaften der verschiedenen Wicklungen lassen sich mit Hilfe der Schaltungsregel genau feststellen, die Verwandtschaft der Ring-, Trommel-, und Scheibenankerwicklungen geht daraus deutlich hervor, und der Übergang von einer Wicklung zur andern läſst sich ohne Schwierigkeit bewerkstelligen.

Die Schaltungsregel umfaſst jedoch nicht nur die bekannten Wicklungen, sondern dieselbe leistet wesentlich mehr; sie gibt eine allgemeine Lösung des Wicklungsproblems. Mit

Hilfe derselben und den im ersten Abschnitte behandelten Verbindungsarten von induzierten Leitern ist es möglich neue Wicklungen zu entwerfen. In den späteren Abschnitten sind mehrere meines Wissens bisher nicht bekannte Wicklungsarten dargestellt.

Die gewonnenen Resultate schienen mir daher interessant genug, um dieselben zu veröffentlichen, um so mehr als in den trefflichsten Lehrbüchern der Elektrotechnik die Ankerwicklungen, namentlich diejenigen mehrpoliger Maschinen, nur ungenügend behandelt sind.

Riga, den 5. März 1891.

E. Arnold.

Inhalt.

Verbindungsarten von induzierten Leitern für die Erzeugung von Gleichströmen.

Wird ein Leiter in einem magnetischen Felde derart bewegt, daſs er Kraftlinien schneidet, so wird in ihm eine elektromotorische Kraft induziert. Gehört der Leiter einem geschlossenen Stromkreise an und erfolgt die Bewegung mit konstanter Geschwindigkeit und, bei gleichbleibender Lage des Leiters bezüglich der Richtung der Kraftlinien, durch ein gleichförmiges magnetisches Feld, so wird eine konstante elektromotorische Kraft und ein Strom von konstanter Stärke erzeugt. Die elektromotorische Kraft wirkt im Sinne der **Fig.** 1 senkrecht zur Richtung der Bewegung und senkrecht zur Richtung der Kraftlinien [1]).

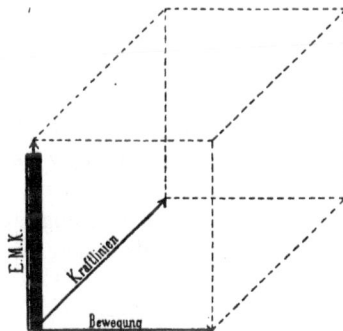

Fig 1.

Es sei in **Fig.** 2 ein magnetisches Feld durch zwei gegenüberstehende ungleichnamige Pole gegeben. Der Nordpol stehe über der Papierebene, so daſs die Kraftlinien in dieselbe eintreten, von Nord nach Süd positiv verlaufend. Bewegt sich nun ein Leiter in der Lage ab und in der Richtung des Doppelpfeiles durch das gegebene Feld, so wird in demselben eine in der Pfeilrichtung positiv verlaufende elektromotorische Kraft induziert. Um einen geschlossenen Stromkreis herzustellen, ist vorausgesetzt, daſs der

---

[1]) Die von **Faraday** angegebene Regel lautet: Denkt man sich im magnetischen Felde befindlich, so daſs die Kraftlinien bei den Füſsen ein- und durch den Kopf austreten, blickt man ferner nach der Richtung, in welcher der Leiter bewegt wird, so wirkt die induzierte elektromotorische Kraft nach rechts.

Leiter ab bei seiner Bewegung auf zwei festen Schienen AB und
CD gleite, deren Endpunkte durch die Leiter AmC und BnD verbunden sind; es entsteht dann ein Strom in der Richtung der Pfeile.

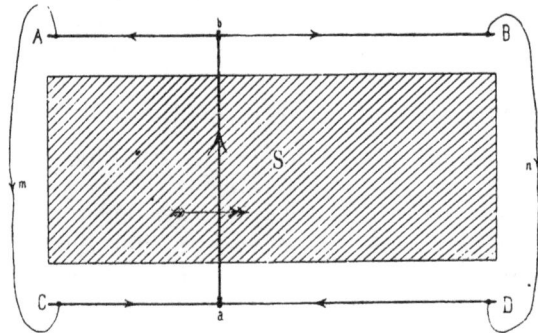

Fig. 2.

Einen andauernden gleichgerichteten Strom könnte man auf
diese Weise nur erhalten, wenn das magnetische Feld unbegrenzt
grofs wäre; denn sobald der Leiter das magnetische Feld verläfst,
hört die Induktionswirkung auf; kehrt aber derselbe seine Bewegung um, so ändert sich auch die Stromrichtung.

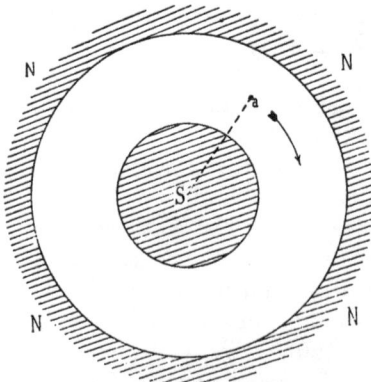
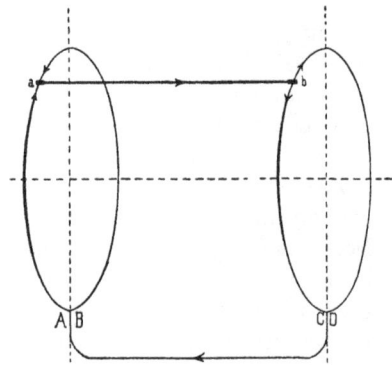

Fig. 3.   Fig. 4.

Ein endloses magnetisches Feld, sowie die Erzeugung eines
andauernden Gleichstromes läfst sich jedoch erreichen, indem wir
die Anordnung (Fig. 2) auf einem Cylinder aufrollen und die geradlinige Bewegung des Leiters ab in eine kreisförmige überführen.

Die dadurch entstehende gegenseitige Lage der Pole (in Vorderansicht) ist aus **Fig. 3** und der Stromverlauf aus **Fig. 4** ersichtlich.
Dieselben enthalten die Grundzüge einer Unipolarmaschine. —

Die Größe der induzierten elektromotorischen Kraft ist abhängig von der Intensität des magnetischen Feldes, von der Ge-
schwindigkeit und
der Länge des in-
duzierten Leiters.
Die ersten beiden
Größen   können
ein gewisses Maß
nicht   überschrei-
ten, eine beliebige
Erhöhung der
elektromotori-
schen Kraft kann
daher   nur durch
Vergrößerung der
induzierten Leiter-

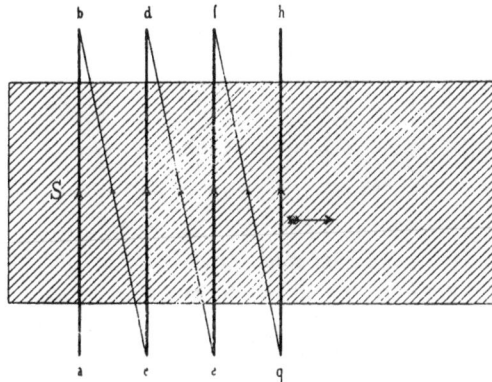

Fig. 5.

länge erreicht werden.   Aber auch hier treten gewisse Schwierigkeiten auf.

Die Anwendung eines einzigen geradlinigen Leiters (*a b* Fig 4)
ist nur für die Erzeugung von kleinen elektromotorischen Kräften
ausführbar, größere elektromotorische Kräfte müssen durch Samm-
lung der in mehreren Leitern induzierten Impulse erhalten werden,
d. h. durch Reihen- oder Hintereinanderschaltung.

Die unipolare Induktion, wie dieselbe in den Figuren 2, 3
und 4 dargestellt wurde, ermöglicht keine Reihenschaltung. Denn
würde man z. B. in **Fig. 5** mehrere Stäbe *ab*, *cd*, *ef*, *gh* durch die
Querverbindungen *bc*, *de*, *fg* hintereinander schalten, so werden, da
der Nordpol dem Südpol gegenüber liegt, die Querverbindungen
bei ihrer Bewegung ebenfalls Kraftlinien schneiden, so daß nach
Abzug der hierdurch entstehenden entgegenwirkenden elektromotorischen Kräfte nur noch die elektromotorische Kraft des einen
Stabes *gh* übrig bleibt. Jeder Versuch, Unipolarmaschinen mit
Reihenschaltung zu bauen, muß, auch bei der sinnreichsten Draht-
führung und Anordnung des magnetischen Feldes, scheitern.

1*

Die Reihenschaltung bedingt die Aufeinanderfolge magnetischer Felder von entgegengesetzter
Polarität.

Wird ein Leiter geradlinig oder rotierend in einem magnetischen Felde von wechselnder Polarität bewegt, so tritt bei jedes-

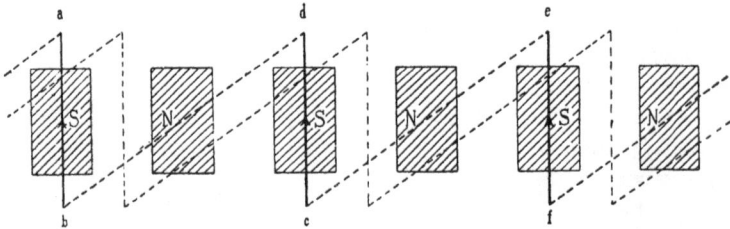

Fig. 6.

maligem Wechsel auch eine Umkehr der Stromrichtung ein, und
wir können im äufseren Stromkreise nur durch Zuhülfenahme
eines Stromwenders oder Kollektors einen gleichgerichteten Strom
erhalten. Die Hintereinanderschaltung mehrerer Stäbe und die
Verbindung derselben mit dem Stromwender mufs dann in solcher
Weise ausgeführt sein, dafs die elektromotorische Kraft in allen
Stäben in gleicher Richtung zunimmt und der Stromrichtungswechsel im richtigen Momente stattfindet.

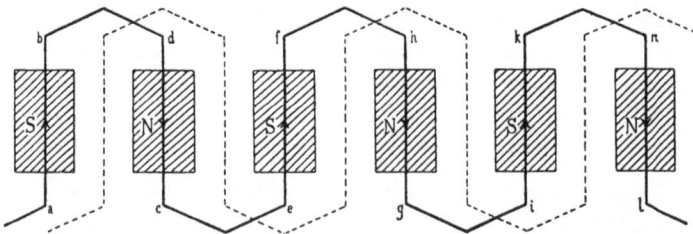

Fig. 7.

In den nachfolgenden Figuren denken wir uns eine Reihe
magnetischer Pole im Kreise derart angeordnet, dafs sie in gleichen
Abständen mit abwechselnder Polarität aufeinander folgen. Für
die Darstellung verwandeln wir diese kreisförmige Anordnung in
eine geradlinige und lassen die zu induzierenden Leiter eine geradlinige Bewegung ausführen.

Eine Hintereinanderschaltung mehrerer Leiter wird dann in ein-
fachster Weise auf die in **Fig. 6** und **Fig. 7** dargestellte Art erreicht.

Die induzierten Leiter *ab*, *cd*, *ef*, *gh* sind durch induktionsfreie oder elektromotorisch inaktive Leiterstücke *bd*, *ce*, *fh* zu einer Zick-Zackform derart vereinigt, dafs sich die elektromotorischen Kräfte, deren Richtungen durch Pfeile angedeutet sind, addieren. In Fig. 6 ist der Abstand der induzierten Leiter gleich dem doppelten, in Fig. 7 gleich dem einfachen Polabstande Die punktierte Lage entspricht dem Momente des Stromwechsels.

Die Querverbindungen lassen sich durch eine schräge Lage der induzierten Leiter vermeiden, wie durch **Fig. 8** veranschaulicht wird.

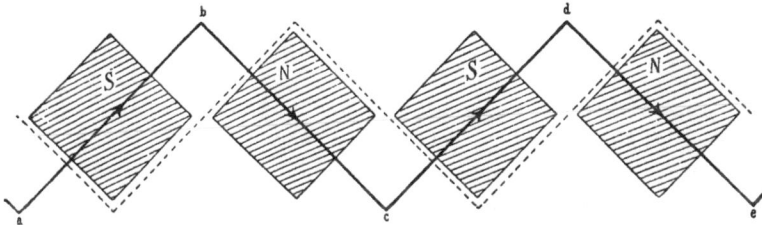

Fig. 8.

Damit aber ein Leiter nicht gleichzeitig in zwei magnetische Felder zu liegen kommt, und einander entgegenwirkende elektromotorische Kräfte entstehen, müssen die Polschuhe eine rautenförmige Gestalt annehmen. Die punktierte Lage entspricht wiederum dem Eintritte des Stromwechsels.

Verbindet man in Fig. 7 die Leiter, z. B. *ab* und *cd*, nicht direkt, sondern wie in **Fig. 9** durch *b g h i k d*, indem man das

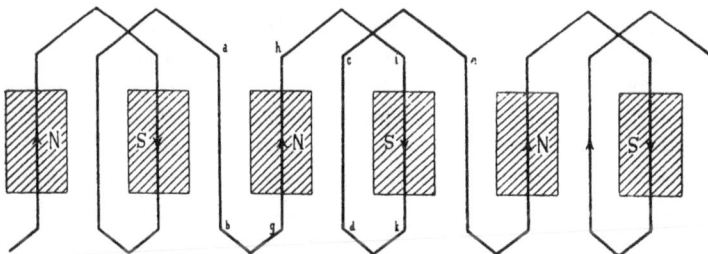

Fig. 9.

magnetische Feld zweimal durchschreitet, so werden die Leiter *a b* und *gh*, ferner *cd* und *ik* u. s. f. abwechselnd induziert. Die Entfernung derselben mufs mindestens gleich der Polschuhbreite sein, denn sobald beide innerhalb desselben magnetischen Feldes

zu liegen kommen, sind die induzierten elektromotorischen Kräfte
entgegengesetzt gerichtet.

Das Schema **Fig. 10** ist mit Fig. 9 ganz übereinstimmend.
Die runden Spulen, welche an Stelle der geradlinigen Leiter ge-
treten sind, befinden sich in der Lage des Stromwechsels; Fig. 9
entspricht dagegen der maximalen Induktion.

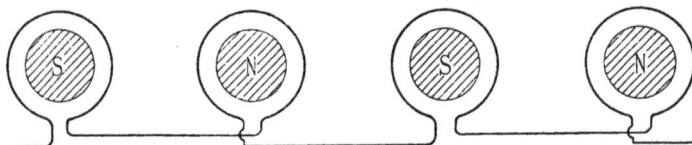

Fig. 10.

Sowohl in Fig. 9 als 10 findet eine Schleifenbildung statt.
Diese läfst sich umgehen, sobald man, ebenso wie in Fig. 6, diejenigen Leiter mit einander verbindet, die sich in gleichnamigen
magnetischen Feldern befinden, oder wenn man in Fig. 9 von *h*
direkt nach *e* übergeht; es entsteht dann das Schema **Fig. 11.**

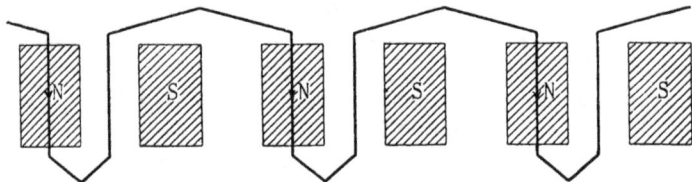

Fig. 11.

Die oben angeführten Reihenschaltungen eignen sich nicht
zur Erzeugung eines Gleichstromes von konstanter Spannung und
Stärke, weil der in allen Leitern gleichzeitig eintretende Stromwechsel erhebliche Schwankungen verursachen wird. Wir müssen,
um einen konstanten Gleichstrom zu erzeugen, eine gröfsere Zahl
von Leitern in den verschiedensten Lagen bezüglich der magnetischen Felder so anordnen, dafs ein Teil derselben der gröfsten,
ein Teil geringerer und ein Teil gar keiner Induktion ausgesetzt
ist. Alsdann kann man erstens: sämtliche Leiter so untereinander verbinden, dafs dieselben eine in sich geschlossene oder
endlose Wicklung bilden und dafs zwischen den Stromabnahmestellen in keiner Lage entgegenwirkende elektromotorische Kräfte
entstehen. Die Verbindung mit dem äufseren Stromkreise ist so

herzustellen, daſs nur in denjenigen Leitern sich ein Stromwechsel vollzieht, auf welche keine Induktionswirkung ausgeübt wird. Eine derartige Schaltung wird als geschlossene Wicklung bezeichnet. Zweitens: nur diejenigen Stäbe zu einer Gruppe vereinigen und hintereinander schalten, welche bezüglich des magnetischen Feldes ganz dieselbe Lage haben, und jeweilen nur diejenigen Gruppen in den äuſseren Stromkreis einschalten, welche in dem betreffenden Momente die maximale oder nahezu die maximale Induktionswirkung erfahren, während die übrigen Gruppen ganz ausgeschaltet sind. Auf diese Weise erhält man die sog. offene Wicklung.

Wir wollen uns zunächst mit den geschlossenen Wicklungen beschäftigen.

In **Fig.** 12 folgen zwei magnetische Felder entgegengesetzer Polarität aufeinander und über die ganze Strecke sind die zu induzierenden Leiter in gleichen Abständen verteilt.

Nehmen wir nun ferner an, daſs die Kraftlinien zwischen den

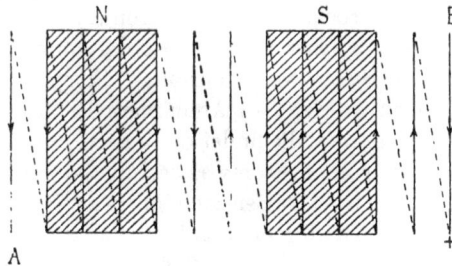

Fig. 12.

benachbarten Polen N und S verlaufen, so können wir die Reihenschaltung derart ausführen, daſs wir die entgegengesetzten Enden benachbarter Stäbe oder Leiter durch elektromotorisch inaktive Drähte verbinden, d. h. durch Drähte, die so geführt sind, daſs sie keine Kraftlinien schneiden. Dieselben sind in der Figur durch punktierte Linien angedeutet, ihre Lage hat man sich im Raume vorzustellen, etwa wie **Fig.** 13 als Seitenansicht angibt. Stellt man die Querverbindungen für sämtliche Stäbe her und markiert die Stromrichtungen durch Pfeile (es ist angenommen, daſs die Leiter nach rechts bewegt werden), so findet man, daſs die Stäbe zu zwei Gruppen in Reihe geschaltet sind, sämtliche zwischen einem (+) und (—) Zeichen induzierten elektromotorischen Kräfte addieren sich.

Wird das Schema Fig. 12 in Kreisform gebracht und A mit B verbunden, so erhält man eine endlose Spirale mit den fest-

stehenden Stromabnahmestellen (+) und (—). Nunmehr wird in
den induzierten Stäben nicht mehr gleichzeitig, sondern einzeln
in dem Momente, in welchem dieselben an den Stromabnahme-

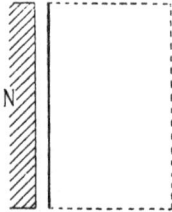

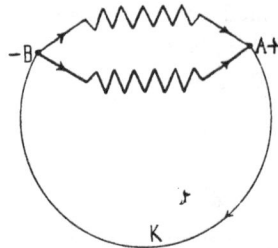

Fig. 13.   Fig. 14.

stellen vorbeigehen, ein Stromrichtungswechsel eintreten. Bei
genügend grofser Stabzahl ist der durch die Rotation der Spirale
erzeugte Strom von konstanter Spannung und Stärke. Derselbe
teilt sich an der (—) Abnahmestelle in zwei Zweige und an der
(+) Abnahmestelle findet die Vereinigung beider Stromimpulse statt.

  Eine solche Stromverzweigung ist jeder geschlossenen Wicklung
eigen, d. h. es lassen sich höchstens die Hälfte sämtlicher Stäbe
oder Spulen hintereinander schalten. Das Verzweigungsschema
Fig. 14 charakterisiert diesen Fall. *AKB* stellt den äufseren
Stromkreis dar.

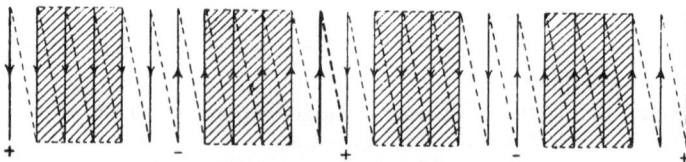

Fig. 15.

  Fig. 15 gibt ein vierpoliges Schema, welches man sich durch
Verdoppelung der Fig. 12 entstanden denken kann.

  Es findet eine zweifache Stromverzweigung statt. Entsprechend
dem Verzweigungsschema **Fig. 16** werden die induzierten Stäbe
in vier gleiche Gruppen geteilt, die Stäbe einer Gruppe sind
hintereinander geschaltet, die Gruppen unter sich aber parallel
verbunden. Unter sonst gleichen Verhältnissen ist daher die zu

erreichende elektromotorische Kraft derjenigen des Schemas Fig. 12
gleichwertig.

Die Stäbe können aber auch so
miteinander zu einer geschlossenen
Wicklung vereinigt werden, daſs nur
eine einzige Stromverzweigung eintritt,
daſs also die Hälfte sämtlicher Stäbe
hintereinander geschaltet ist, wodurch
eine Verdoppelung der elektromotorischen Kraft erreicht wird. In Fig. 17
ist eine solche Wicklungsmetode dargestellt.

Die Verbindung der im Schema
aufeinander folgenden Leiter ist mit
derjenigen in Fig. 6 übereinstimmend,
und es kann Fig. 17 als eine Vervielfachung der Fig. 6 angesehen werden.

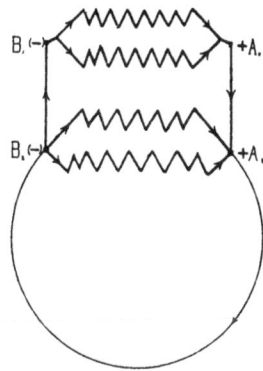

Fig. 16.

Die Entfernung dieser Leiter ist aber etwas gröſser oder kleiner als
die Poldistanz, und die Gesamtzahl derselben ist nicht mehr beliebig.
Die ganze Wicklung setzt sich aus lauter winkelförmigen Zügen
von der Gestalt 1, 6, 6 zusammen, man kann daher einen solchen

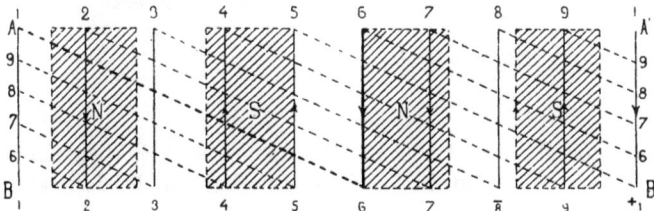

Fig. 17.

Linienzug als das Element der Wicklung bezeichnen. — Dasselbe enthält einen einzigen der Induktion ausgesetzten Stab.

Denken wir uns das Schema so auf einen Cylinder aufgerollt
oder auf einer Scheibe so zur Kreisform gebogen, daſs A mit A′ und
B mit B′ zusammenfällt, so muſs die Stabzahl derart gewählt
werden, daſs die (punktierten) Querverbindungen sich stets zwischen
einer gleichen Zahl von Teilpunkten erstrecken müssen, damit
man beim Durchlaufen sämtlicher Stäbe wieder zum Ausgangs-

punkt zurück gelangt. Dabei müssen die Stäbe in natürlicher Reihenfolge berührt werden, d. h. wenn wir z. B. vom Stabe 6 ausgehen, sollen wir, nachdem das Schema einmal durchlaufen ist, zum benachbarten Stabe links (5) oder rechts (7) gelangen.

Die Überzeugung, dafs diese Wicklungsmethode eine richtige Reihenschaltung mit einfacher Stromverzweigung nach Fig. 14 ergibt, gewinnt man durch Einzeichnen der Stromrichtungen und durch das Verfolgen derselben im Schema. Gehen wir z. B. von der Stromabnahmestelle (8) aus und bewegen uns einmal in der Richtung (8, 8, 4 . . .) und das andere Mal in der Richtung (8, 3, 3, 7 . . .) so gelangen wir, immer dem Strome folgend und jedesmal die Hälfte der Stäbe berührend, zur zweiten Stromabnahmestelle (+).

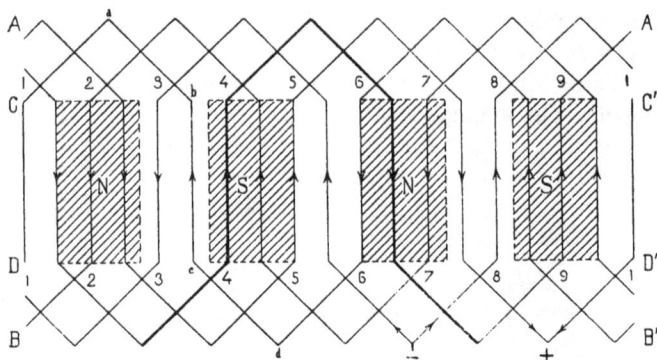

Fig. 18.

Der Stromwechsel tritt gleichzeitig nur in zwei Stäben ein, und zwar in dem Momente, in welchem dieselben an den feststehenden Stromabnahmestellen vorbei von einem Stromzweige zum andern übertreten.

Ein neues Schema, welches für den Bau mehrpoliger Maschinen von hervorragender Bedeutung ist, läfst sich aus Fig. 17 ableiten, wenn wir nicht wie in Fig. 6 solche Stäbe, die in gleichnamigen Feldern liegen, miteinander verbinden, sondern wie in den Fig. 7 und 8 alle Pole der Reihe nach durchlaufen.

Die Zahl der Stäbe und die Zahl der Teilpunkte, welche zwischen zwei zu verbindenden Stäben liegt, ist wieder so zu wählen, dafs ein ununterbrochener Linienzug (im aufgerollten

Schema) entsteht und daſs, nachdem sämtliche Teilpunkte berührt sind, man wieder zum Ausgangspunkt zurück gelangt.

Die in diesem Sinne erfolgte Vervielfachung der Fig. 7 und Fig. 8 ergibt die Schemas **Fig. 18** und **Fig. 19**.

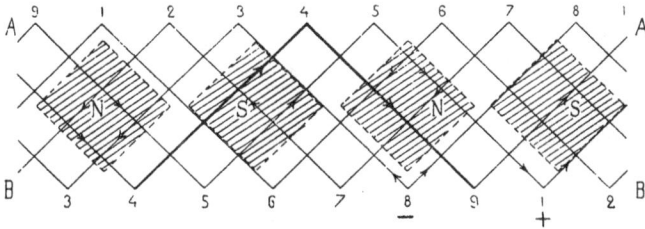

Fig. 19.

Jedem Wicklungselement gehören zwei induzierte Stäbe an, welche durch starke Linien hervorgehoben sind.

Merken wir uns wieder die Richtung des Stromlaufes durch Pfeile und folgen wir dieser Richtung längs des Linienzuges, so ergeben sich nur zwei Stellen, bei denen die Ströme nach entgegengesetzter Richtung verlaufen, es sind dieses die Berührungspunkte für die Stromableitung nach dem äuſseren Stromkreise. —

Wir können nun das Problem der Reihenschaltung ganz allgemein für eine beliebige Zahl von Polpaaren lösen, indem wir mehrere der in Fig. 17, 18 und 19 erhaltenen Schemas aneinanderreihen. Es wird sich immer ergeben, daſs bei dieser Schaltungsweise die Hälfte der Stäbe in Reihenschaltung verbunden werden kann, und alsdann nur zwei Stromabnahmestellen erforderlich sind.

Aus den letzten drei Schemas können wir ferner schlieſsen, daſs jeder Linienzug, der so durch magnetische Felder abwechselnder Polarität geführt ist, daſs sich bei jeder Lage desselben die einzelnen längs des Linienzuges wirkend gedachten Stromimpulse addieren (siehe Fig. 6 bis 11), zum Entwurfe eines Gleichstromschemas benutzt werden kann. Um ein vollständiges Schema zu erhalten, haben wir nur nötig, mehrere solcher Linienzüge zu einer geschlossenen Wicklung derart zu verbinden, daſs keine Abweichungen von der angenommenen Form des Linienzuges stattfinden.

Die in den Figuren 9, 10 und 11 dargestellten Linienzüge müssen sich somit ebenfalls zur Bildung eines Gleichstromschemas eignen, und es lassen sich noch viele andere Arten der Linienführung, welche dieselbe Aufgabe lösen, angeben.

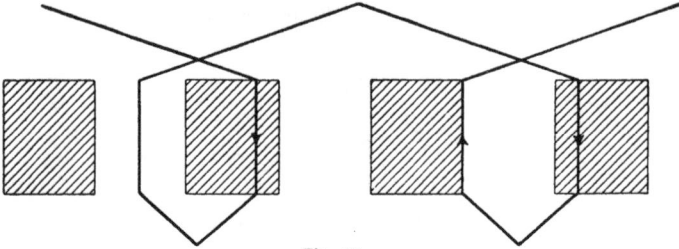

Fig. 20.

Die Fig. 20 und 21 veranschaulichen z. B. zwei derartige Draht-führungen. **Fig. 20** kann man aus **Fig. 9**, und **Fig. 21** aus der

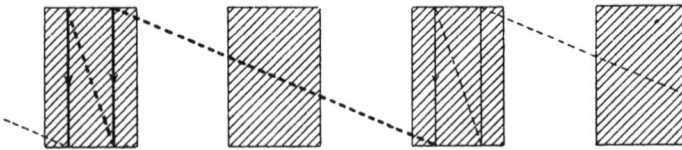

Fig. 21.

Verbindung der Schemas Fig. 6 und 12 entstanden denken.

In **Fig. 22** ist ein Schema mit Linienzug Fig. 9 und in **Fig. 23**

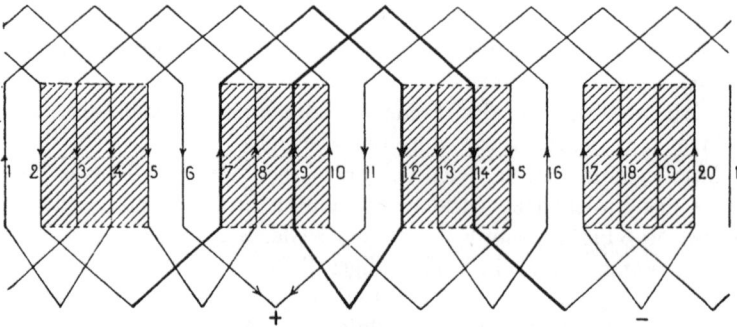

Fig. 22

ein solches mit Linienzug Fig. 11 ausgeführt. Ein Wicklungs-element des Schemas Fig. 22 enthält vier induzierte Stäbe.

Eine von der in den oben behandelten Schemas wesentlich verschiedene Art der Stromsammlung entsteht durch die in **Fig. 24** dargestellte Wicklungsmethode.

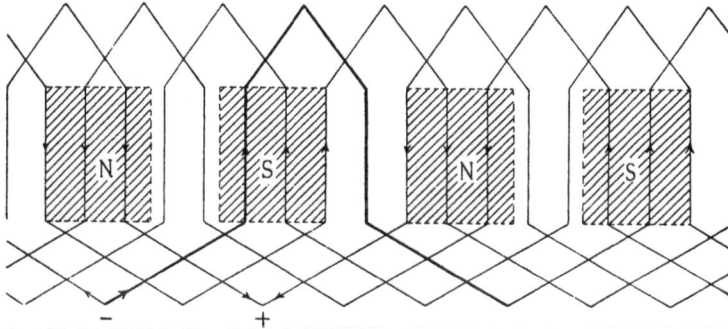

Fig. 23.

Während in den Schemas Fig. 17, 18 und 19 die Wicklung in Zick-Zackform stets vorwärts schreitend durch das magnetische Feld führt, bewegt sich dieselbe in Fig. 24 abwechselnd vor- und rückwärts. Der Draht wird längs der gebrochenen Linie 1, 2, 3, 4, 5, 6, 7 gebogen und bildet eine sechseckige (oder auch viereckige) Schleife, welche in den benachbarten Teilpunkten 1 und 7 endigt.

Fügen wir, von 7 ausgehend, neue Schleifen von derselben Form hinzu, bis schließlich sämtliche Teilpunkte in natürlicher Reihenfolge durchlaufen sind, wobei die letzte Schleife im Ausgangspunkte 1 endigen muß, so erhalten wir das in **Fig. 25** dargestellte Schema.

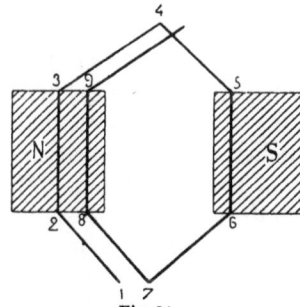

Fig. 24.

Wie aus der Figur ersichtlich, wird jede Schleife der Wirkung zweier Pole von ungleicher Polarität ausgesetzt. Durch Einzeichnen und Verfolgen der Stromrichtung ergeben sich für das zweipolige Schema die zwei Stromabnahmestellen (+) und (—).—

Man kann diese Wicklung passend als **Schleifenwicklung** und die in den Fig. 17, 18 und 19 dargestellten Schemas als

Wellenwicklung[1] bezeichnen. Die Fig. 22 würde sonach eine gemischte Schleifen- und Wellenwicklung vorstellen, jedoch die

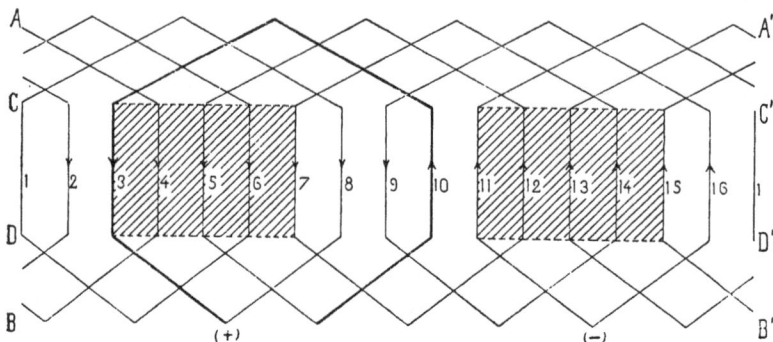

Fig. 25

Eigentümlichkeiten der Wellenwicklung besitzen, weshalb wir dieselbe zu den letzteren zählen wollen.

Der charakteristische Unterschied zwischen der Schleifenwicklung und der Wellenwicklung geht sofort hervor, wenn wir einerseits zwei oder mehrere Schemas nach Fig. 25 und anderseits z. B. mehrere Schemas nach Fig. 18 aneinander reihen. Während nun die Wellenwicklung, unabhängig von der Zahl der magnetischen Felder, nur zwei Stromabnahmestellen liefert, erhalten wir bei der Schleifenwicklung ebenso viele Abnahmestellen als magnetische Felder. Die obige Wellenwicklung ergibt daher für mehrpolige Maschinen eine Reihenschaltung, die Schleifenwicklung dagegen eine Parallelschaltung. Fig. 15 ist somit als Schleifenwicklung (Spiralwicklung) aufzufassen.

Ist z die Anzahl der Stäbe, welche sich im magnetischen Felde bewegt und n die Anzahl der magnetischen Felder, so ist bei der Wellenwicklung mit Reihenschaltung die Zahl der hinter einander verbundenen Stäbe $= \frac{z}{2}$, bei der Schleifenwicklung dagegen $= \frac{z}{n}$. Unter sonst gleichen Verhältnissen wird also die elektromotorische Kraft im ersteren Falle $\frac{n}{2}$ mal größer sein.

Bei der Reihenwicklung sind die Stäbe in zwei Gruppen, entsprechend einer einzigen Stromverzweigung, geteilt; bei der

[1] Vgl. W. Fritsche, Die Gleichstrom-Dynamomaschinen. Berlin 1889.

Schleifenwicklung dagegen in n Gruppen, denen $\frac{n}{2}$ Stromverzweigungen angehören.

Die Stäbe der einzelnen Gruppen sind in Reihe, die Gruppen unter sich aber parallel geschaltet. Wie später gezeigt wird, eignet sich die Wellenwicklung auch für Parallelschaltung;

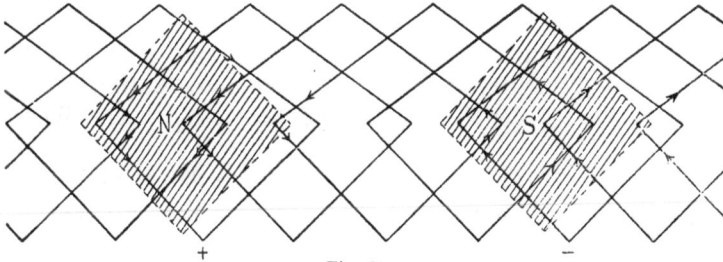

Fig. 26.

dagegen bleibt die Schleifenwicklung für Reihenschaltung unbrauchbar.

Zu der in Fig. 25 angenommenen Schleifenform lassen sich noch andere hinzufügen. Nach W. Fritsche läfst sich Fig. 25 in der Weise abändern, dafs man die innerhalb des Rechteckes

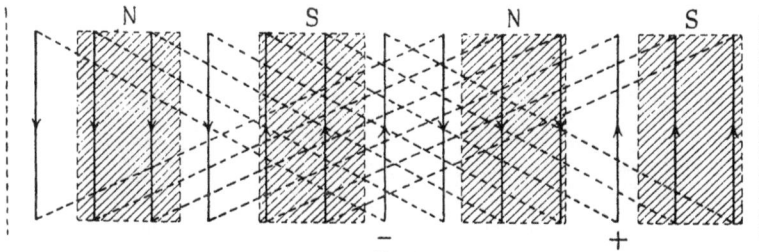

Fig. 27.

$CC'DD'$ liegenden Teile beseitigt und die aufserhalb desselben liegenden Stäbe zusammenschiebt. Die Schleifen bekommen dann eine rhombische Form (Fig. 26), und um die Entstehung entgegenwirkender elektromotorischer Kräfte zu vermeiden, müssen die Polschuhe ebenfalls rhombische Gestalt erhalten.

Die Schleife kann auch eine solche Form annehmen, dafs dieselbe in der Wirkungssphäre von zwei gleichnamigen Polen liegt.

Fig. 27 veranschaulicht solch ein Schema. Hierbei tritt die Eigentümlichkeit zu Tage, daſs sich dasselbe nur für 4-, 8-, 12- u. s. w. polige Anordnungen eignet und daſs nicht, wie bei den ersten Schleifenwicklungen $\frac{z}{n}$ sondern je $\frac{2z}{n}$ Stäbe hinteinander geschaltet sind. Für ein vierpoliges Schema $(n = 4)$ erhalten wir demnach ebenso wie bei der Wellenwicklung, nur zwei Stromabnahmestellen.

Die Querverbindungen in dieser Figur können auch so gelegt werden, daſs keine Kreuzung zwischen denselben stattfindet. Wir erhalten dann ein der Fig. 17 ähnliches Schema, d. h. eine Wellenwicklung.

Über die offenen Wicklungen ist an dieser Stelle nichts beizufügen, es sei nur auf das Kapitel, welches dieselben besonders behandelt, verwiesen.

Wir wenden uns jetzt zu der Anwendung der allgemein betrachteten Schemas auf die Ankerwicklung der Gleichstrommaschinen.

A. Geschlossene Ankerwicklungen.

Allgemeine Schaltungsregel für die Wicklung der Gleichstromanker.

Betrachten wir die Schaltungsarten der Anker zwei- und mehrpoliger Maschinen für Parallel- und Reihenschaltungen und angewendet für Ring-, Trommel- und Scheibenanker, so ergibt sich auf den ersten Blick eine so grofse Mannigfaltigkeit, dafs es unmöglich erscheint, alle unter eine gemeinsame Wicklungsregel zusammenzufassen. Eine eingehende Prüfung zeigt aber, dafs in der That eine einfache Formel uns für alle Schaltungen, d. h. für Parallel- und Reihenschaltung der Ankerwicklung zwei- und mehrpoliger Maschinen, und zwar für Ring-, Trommel- und Scheibenanker anzeigt, in welcher Weise die Ankerspulen oder Ankerstäbe untereinander zu verbinden sind, um die gewünschte Anordnung zu erhalten.

Aus den im ersten Kapitel angestellten Betrachtungen geht hervor, dafs eine richtige Schaltung dann entsteht, wenn die in gleichen Abständen im magnetischen Felde befindlichen Spulen oder Stäbe derart miteinander verbunden werden, dafs stets eine gleiche Anzahl Stäbe oder Teilpunkte zwischen zwei zu verbindenden Stäben liegt, und dafs, nachdem sämtliche Stäbe so durchlaufen sind, dafs in den einzelnen Stromzweigen sich die Stromimpulse addieren, man wieder zum Ausgangspunkte zurückgelangt. Die Entfernung der unmittelbar miteinander zu verbindenden Stäbe wird durch die Poldistanz bestimmt.

Aus den Fig. 17 bis 19 ist ersichtlich, dafs man sich beim Verfolgen des Schemas abwechselnd zwischen den Teilpunkten zweier Gerader AA' und BB' bewegt. Rollen wir eine der Figuren z. B. 19 hochkant derart zur Kreisform zusammen, dafs BB' zum inneren und AA' zum äufseren Kreise wird, so ist die schematische Ausführung der Wicklung identisch mit folgender geometrischen Aufgabe:

Es seien zwei konzentrische Kreise gegeben, und jeder Kreisumfang sei in $\frac{z}{2}$ gleiche Teile geteilt. Zwischen den z Teilpunkten ist ein Linienzug derart einzuzeichnen, daſs, je nach den gemachten Annahmen, entweder ein Linienzug oder mehrere in sich geschlossene Linienzüge entstehen, und daſs jeder

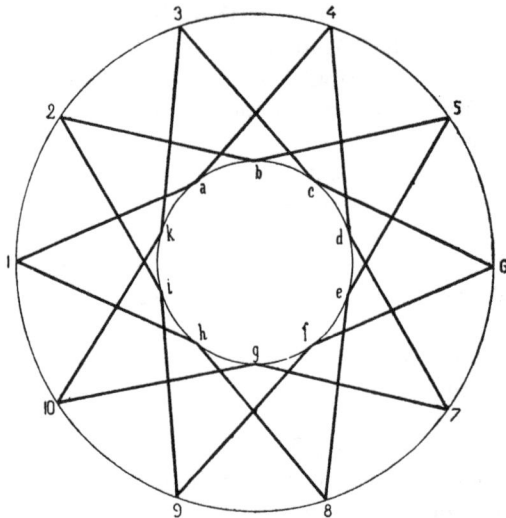

Fig. 28.

Linienzug bei einmaliger Bewegung im Kreise eine bestimmte, durch die Annahmen änderbare Zahl von Schnitt- oder Knotenpunkten liefert.

Die Aufgabe wird gelöst, wenn die Zahl y der Teilstrecken, welche auf jedem Kreise zwischen zwei im Linienzuge aufeinanderfolgenden Knoten- oder Eckpunkten liegen, der Gleichung

$$y = \frac{1}{k}\left(\frac{z}{b} \pm a\right)$$

genügt.

Hierin bedeuten:

k und a ganze Zahlen,

b die Zahl der zwischen je zwei im Linienzuge aufeinanderfolgenden Knotenpunkten desselben Kreises liegenden Stäbe,

z die Gesamtzahl der Stäbe oder die Zahl der Knotenpunkte auf beiden Kreisen.

In **Fig. 28** ist für

$$z = 20; \quad k = 3; \quad a = 1; \quad b = 2;$$

und
$$y = \frac{1}{3}\left(\frac{20}{2} - 1\right) = 3$$

ein solcher Linienzug dargestellt.

Nummerieren wir die Teilpunkte des äußeren Kreises fortlaufend von 1 bis 10, so haben wir, da je $y = 3$ Teilstrecken zwischen zwei Knotenpunkten liegen sollen, 1 mit $1 + 3 = 4$, Punkt 4 mit $4 + 3 = 7$ u. s. f. zu verbinden. Am inneren Kreise beobachten wir dieselbe Regel. Der 20. Stab $h\,1$ führt dann wieder zum Ausgangspunkte zurück.

Zwischen je zwei im Linienzuge aufeinander folgenden Knotenpunkten desselben Kreises, z. B. 1 und 4, liegen die zwei ($b = 2$) Stäbe **1** a und $a\,4$. Verbinden wir 1 direkt mit 4, so wird $b = 1$ und z bedeutet alsdann die Zahl der Teilpunkte auf dem äußeren Kreise. Der innere Kreis ist für die Konstruktion jetzt nicht mehr erforderlich.

Gehen wir von 1 aus, so erhalten wir bei einmaliger Bewegung im Kreise längs des Linienzuges die Knotenpunkte a, 4, d, 7, g, 10. Die Zahl derselben und die Anzahl der in sich geschlossenen Linienzüge oder die Zahl der Schließungen sind bei gegebenem z und b von der Wahl der Größen k und a abhängig.

Bezeichnet, auf die Ankerwicklungen übergehend,

$k = \dfrac{n}{2}$ die halbe Anzahl der Pole, also n die Polzahl,

z die Zahl der am Umfange eines Ankers liegenden Stäbe oder Wicklungsfelder,

y eine beliebige, aber doch in Abhängigkeit von der Polzahl und der Zahl der Stäbe passend gewählte ganze Zahl,

a eine Konstante, $a = 1$ ergibt eine einfache, $a = 2$ eine zweifache, $a = 3$ eine dreifache Stromverzweigung,

b die Zahl der induzierten Stäbe eines Wicklungselementes,

x ein beliebiges Wicklungselement,

2*

so kann ganz allgemein gesetzt werden

$$z = b\left(\frac{n}{2}\,y \pm a\right)$$

und

$$y = \frac{2}{n}\left(\frac{z}{b} \mp a\right)$$

Bezüglich der Werte z und b ist zu bemerken, dafs die neben- oder übereinander gewickelten Drähte einer und derselben Spule als einfacher Stab aufzufassen sind.

Die allgemeine Schaltungsregel lautet dann:

Man verbinde das Ende (Anfang) des x^{ten} Elementes mit dem Anfange (Ende) des $(x + y)^{\text{ten}}$ Elementes.

Die Zahl y gibt somit die Anzahl der Spulen, um welche man in der Schaltungsrichtung vorwärts schreiten mufs, um zu derjenigen Spule zu gelangen, deren Anfang mit dem Ende jener Spule, von welcher man ausgegangen ist, verbunden werden soll. Man könnte somit die Zahl y etwa die »Teilung« der Schaltung nennen.

Die Schaltungsarten zwei- und mehrpoliger Anker lassen sich nun mit Hilfe der Formel

$$z = b\left(y \cdot \frac{n}{2} \pm a\right)$$

wie folgt charakterisieren:

1. **Die Reihenschaltung.** Für dieselbe ist

$$a = 1$$

In dem speziellen Falle $n = 2$ sind Parallel- und Reihenschaltung identisch und die Wicklung kann sowohl eine Wellen- als eine Schleifenwicklung sein; das Letztere gilt auch, wenn $\frac{n}{2} = 2$ (vgl. Fig 44. und 45). Für $\frac{n}{2} > 2$ erhält man dagegen stets eine Wellenwicklung.

2. **Die Parallelschaltung** mit $\frac{n}{2}$ Stromverzweigungen. Wir unterscheiden

a) die Parallelschaltung mit Schleifenwicklung (und Spiralwicklung). Wir betrachten in diesem Falle einen vielpoligen Anker aus mehreren zweipoligen Ankern entstanden und setzen, unabhängig von der Polzahl, in der Formel stets

$$n = 2 \text{ und } a = 1;$$

b) die Parallelschaltung mit Wellenwicklung. Für diese ist

$$a = \frac{n}{2} \text{ zu setzen.}$$

Wollen wir eine einzige in sich geschlossene Wicklung erhalten, so müssen aufserdem y und $\frac{z}{b}$ Primzahlen unter sich sein.

3. Die gemischte Schaltung. Dabei ist

$$a > 1 \quad \text{und} \quad a \gtrless \frac{n}{2}.$$

In diesem Falle ergeben sich entweder mehrere in sich geschlossene Wicklungen mit besonderen Stromabnahmestellen am Kollektor, oder es entsteht eine einzige in sich geschlossene Wicklung mit a Stromverzweigungen.

Die Zahl der in sich geschlossenen Wicklungen oder die Zahl der Schliefsungen läfst sich allgemein bestimmen, wenn man beachtet, dafs nur dann alle Spulen zu einer einzigen Wicklung verbunden werden, wenn y und $\frac{z}{b}$ Primzahlen unter sich sind.

Haben dieselben einen gemeinschaftlichen Faktor, ist z. B.

$$\frac{z}{b} = i \cdot p$$

$$y = i \cdot q$$

wobei p und q zwei gegenseitige Primzahlen bedeuten, so erhalten wir i Schliefsungen, also i von einander unabhängige Stromkreise.

Die Gesamtzahl der Stromverzweigungen bleibt jedoch stets $= a$ und die Zahl der Stromabnahmestellen $= 2\,a$.

Im Nachfolgenden sollen nun die Ring-, Trommel- und Scheibenanker behandelt und die Richtigkeit der obigen Regeln geprüft werden. Es wird sich dabei zeigen, dafs ein genaues Einhalten der Schaltungsregel stets zu einem richtigen Schema führt und dafs das Entwerfen eines Schemas dadurch wesentlich erleichtert wird.

Die gewählte Darstellungsmethode ist eine verschiedene. In den meisten Schemas behalten wir die Kreisform bei und denken uns den Anker von der Kollektorseite aus gesehen. Die Verbindungen auf der vorderen Stirnfläche werden durch voll ausgezogene Linien, diejenigen auf der hinteren Seite dagegen mit punktierten Linien oder gar nicht angedeutet. Diese meist übliche Methode der Darstellung hat vor anderen den grofsen Vorzug, dafs die praktische Ausführung der Wicklung angedeutet werden kann, und dafs der Übergang von Ring- zu Trommel- und Scheibenankerwicklungen die beste Übersichtlichkeit gewährt.

Wo es sich jedoch darum handelt, die Verwandtschaft ver-
schiedener Wicklungen nachzuweisen, ist die von W. Fritsche
zuerst eingeführte [1]), fruchtbare Methode der Darstellung zu Hilfe
genommen. Dieselbe liefert in die Ebene abgerollte Schemas, wie
solche im ersten Kapitel abgeleitet wurden.

Die Ringankerwicklungen.

1. Zweipolige Ringanker.

Wir betrachten zunächst das einfache zweipolige Schema eines
Pacinotti-Gramme'schen Ringankers mit 12 Spulen. **Fig. 29.**
Sämtliche Spulen sind so untereinander verbunden, dafs dieselben
eine endlose Spirale bilden. Von jeder Verbindungsstelle zweier
Spulen führt eine Abzweigung nach dem Kollektor, der aus eben-
falls 12, von einander isolierten Segmenten besteht, welche an der
Rotation teilnehmen.

Bei der angenommenen Lage der Pole und der gegebenen
Drehrichtung des Ankers wird in den Spulen ein Strom induziert,
dessen positive Richtung durch Pfeile markiert ist. Die feststehenden Bürsten, welche den Strom nach dem äufseren Stromkreise ableiten, schleifen bei D_1 und D_2 auf dem Kollektor und man
erhält im äufseren Stromkreise einen Strom von konstanter Richtung
und bei genügend grofser Spulenzahl von konstanter Stärke.

In den Armaturspulen selbst tritt beim Passieren der Bürsten,
bzw. der neutralen Zone nn' zunächst ein Kurzschlufs und dann
ein Stromwechsel ein. Berührt z. B. die Bürste D_1 gleichzeitig
die Segmente a und m, und D_2 die Segmente f und g, so sind
die Enden der Spulen 10 und 4 durch die Bürsten direkt mit
einander verbunden oder kurz geschlossen. Während des Kurz-
schlusses werden die betreffenden Spulen stromlos und treten alsdann nach der andern Armaturhälfte mit entgegengesetzter Stromrichtung über.

Die Gramme'sche Wicklung ist mit dem in Fig. 12 und Fig. 14
erläuterten Schema übereinstimmend. In **Fig. 30** ist nochmals
dargestellt, wie sich der Strom in die zwei zueinander parallel
geschalteten Armaturhälften D_1SD_2 und D_1ND_2 verzweigt.

---

[1]) Centralblatt für Elektrot. 1887 p. 648.

Ein funkenloses und gutes Arbeiten der Maschine bedingt nun eine derartige Ausführung der Wicklung, dafs die parallel

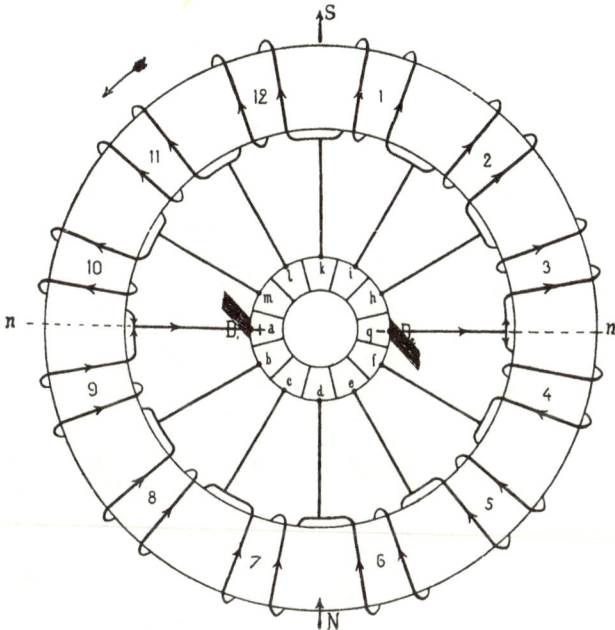

Fig. 29.

geschalteten Stromzweige in Bezug auf die Induktion gleichwertig sind.

Beide Armaturhälften müssen sonach gleichen Widerstand bzw. gleiche Draht-länge besitzen und eine gleich grofse in-duzierte elektromotorische Kraft ergeben, d. h. es müssen sich gleiche induzierte Drahtlängen mit gleicher mittlerer Ge-schwindigkeit in magnetischen Feldern von gleicher Intensität bewegen.

Für Ringwicklungen ist die Spulen-zahl, welche wir mit s bezeichnen wollen,

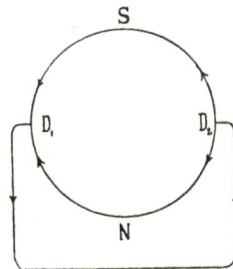

Fig. 30.

stets gleich der Stabzahl z und die Anwendung der all-gemeinen Schaltungsregel ergibt zunächst $b = 1$.

Für $a = 1$ $n = 2$ wird

$$z = s = 12, \quad y = s \pm 1 = \begin{array}{c} \diagup\ 13 \\ \diagdown\ 11 \end{array}.$$

Der Anfang der x. Spule ist für $y = 11$ mit dem Ende der $(x + 11.)$ zu verbinden, also z. B. Anfang von 1 mit Ende von 12.

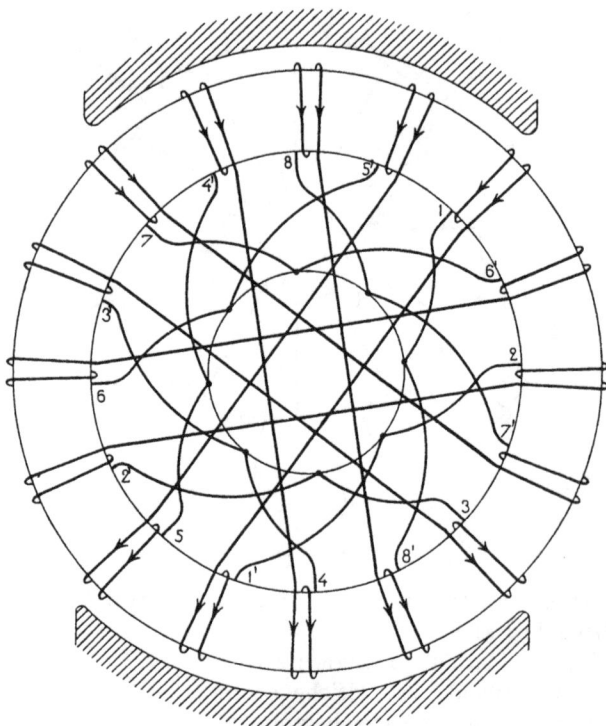

Fig. 31.

Für $y = 13$ ergibt sich, daſs 1 mit 14 $(= 12 + 2)$ oder mit Spule 2 zu verbinden ist, was unserm Schema ebenfalls entspricht.

Für $a = 2$ und

$$y = s - 2 = 10$$

wäre Spule 1 mit $1 + 10 = 11$ und entsprechend $y = s + 2 = 14$ mit $1 + 14 = 12 + 3$ oder mit Spule 3 zu verbinden. Wir würden somit zwei von einander unabhängige Wicklungen mit je einem

Kollektor erhalten, der einen Wicklung gehören die Spulen mit ungeraden, der andern die Spulen mit geraden Zahlen an.

Die zweipolige Ringankerwicklung läfst sich nach Wodicka[1]) und, wie M. J. Swinburne[2]) ebenfalls angibt, auch so ausführen, dafs die Kollektorlamellenzahl gleich der halben Spulenzahl ist. In Fig. 31 ist das von Wodicka angegebene Schema für 16 Spulen aufgezeichnet. Die gegenüberliegenden Spulen werden zunächst so verbunden, dafs sich die Ströme addieren.

Ein Wicklungselement besteht nunmehr aus zwei Spulen; die Anfänge der acht Elemente oder Spulenpaare bezeichnen wir

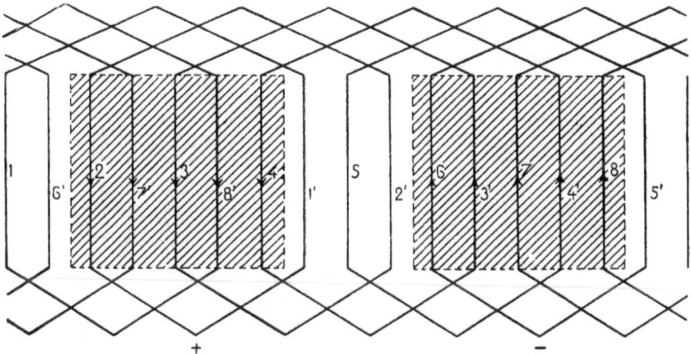

Fig. 32.

mit 1, 2 ... bis 8, die Enden derselben mit 1', 2' ... bis 8'. Die allgemeine Schaltungsregel ist auch hier anwendbar. Wir haben
$$z = s = 16$$
$$b = 2, \quad n = 2, \quad y = \frac{s}{b} - 1 = 7.$$

Der Anfang des Spulenpaares 1 ist mit dem Ende des Spulenpaares $(1 + 7) = 8$, d. h. mit 8' zu verbinden u. s. f.

Der Unterschied zwischen einer Gramme'schen Wicklung und derjenigen von Wodicka tritt noch deutlicher hervor, wenn wir uns den Ring aufgeschnitten und samt der Wicklung in die Papierebene ausgestreckt denken. In Fig. 32 ist das geschehen. Die Spulen sind durch gerade und die Verbindungsdrähte durch

---

[1]) Lum. électrique 1887. T. 25 p. 44.
[2]) do. 1887. T. 26 p. 157.

gebrochene Linien dargestellt; die Lage der Pole ist durch Schraffer markiert. Ein Vergleich dieser Figur mit dem Schema Fig. 71 der Hefner-Alteneckschen Trommelwicklung zeigt, daſs beide identisch sind.

2. Mehrpolige Ringanker mit Parallelschaltung.

Die Verbindungen der einzelnen Spulen untereinander können für Parallelschaltung in derselben Weise ausgeführt werden, wie

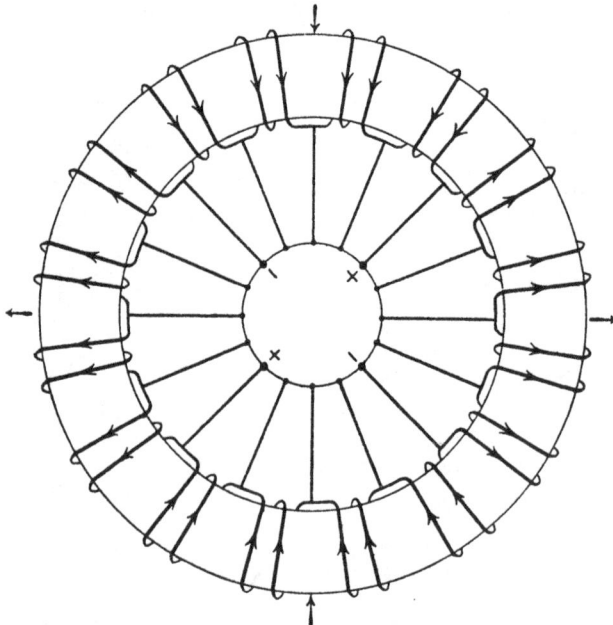

Fig. 33.

bei einem zweipoligen Ringanker. Die Wicklung bildet dann, unabhängig von der Polzahl eine kontinuierlich fortlaufende Spirale mit in gleichen Abständen verteilten Abzweigungen nach dem Kollektor. Die Stromverzweigung entspricht dem Schema Fig. 16. Die Spulen eines jeden Zweiges folgen auf dem Ringe unmittelbar aufeinander und liegen im gleichen magnetischen Felde. — Die Zahl der Bürsten und die Zahl der Stromkreise ist gleich der Polzahl.

In **Fig. 33** ist ein vierpoliger Ringanker dargestellt.

Beachten wir, daſs diese Schaltung mit derjenigen der zweipoligen Schemas Fig. 29 übereinstimmt, und daſs jedes Wicklungselement als einstäbig aufzufassen ist, so haben wir in die allgemeine Schaltungsformel

$$z = s = b\left(y\,\frac{n}{2} \pm a\right)$$

$n = 2$, $b = 1$ zu setzen, für $a = 1$, $s = 16$ wird $y = 15$, und die
Schaltungsregel sagt, daſs Anfang und Ende der benachbarten
Spulen mit einander zu verbinden sind. —

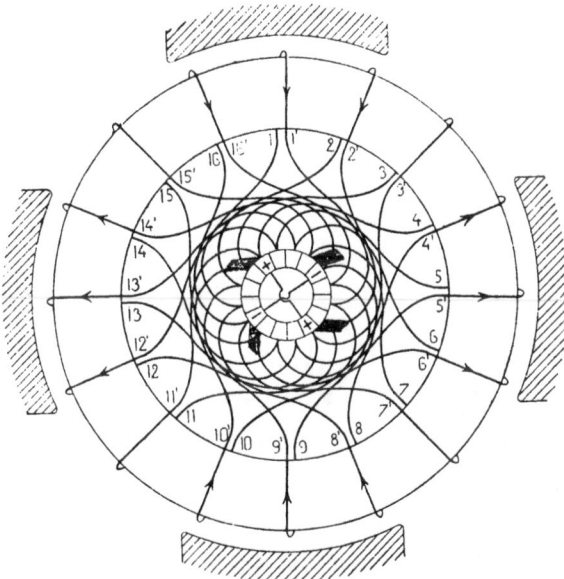

Fig. 34.

Ein anderes Schema entsteht, wenn wir auf die Vervielfachung
des zweipoligen Schemas verzichten, und, um doch $\frac{n}{2}$ Stromverzweigungen zu erhalten, den Wert $a = \frac{n}{2}$ einführen. Die zu seinem
Stromkreise gehörigen Spulen liegen nun auf dem Ringe nicht mehr
unmittelbar hintereinander, sondern auf demselben verteilt und
gleichzeitig in zwei oder mehr magnetischen Feldern.

Wählen wir für

$$n = 4 \qquad a = \frac{n}{2} = 2$$

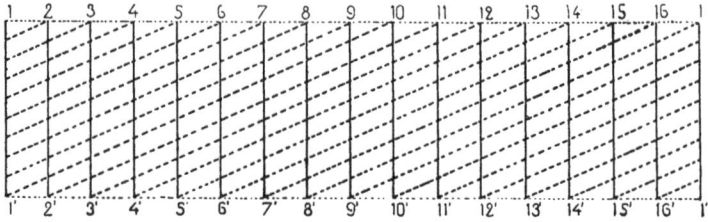

Fig 35.

die Spulenzahl s ebenfalls $= 16$, so wird $y = 9$. Nunmehr ist das Ende 1' mit dem Anfange der Spule $1 + 9 = 10$ zu verbinden u. s. f.

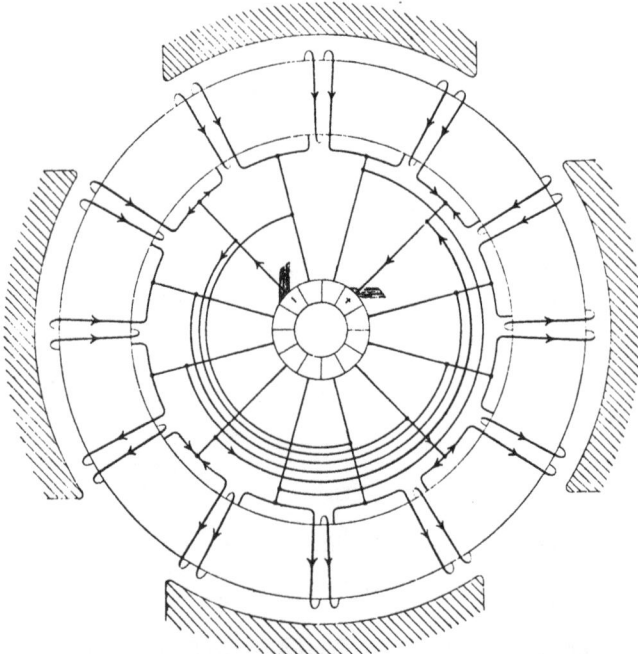

Fig. 36.

Fig. 34 veranschaulicht die auf solche Weise entstandene Wicklung (Vgl. auch Fig. 81 und 82).

Ersetzen wir jede Spule durch einen einfachen Stab und das kreisförmige Schema durch ein geradliniges, so entsteht **Fig. 35**, welche die Verbindungen noch deutlicher erkennen läfst.

Um die Lage der Bürsten zu bestimmen, markiert man die Stromrichtung in den Spulen durch Pfeile. Ein Verfolgen derselben führt, wenn nicht einander entgegenwirkende elektro-

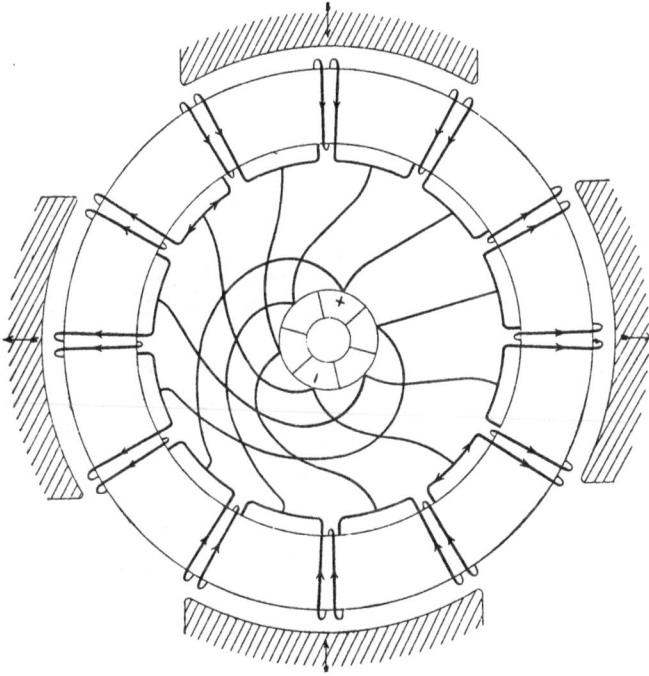

Fig. 37.

motorische Kräfte entstehen sollen, zu der Notwendigkeit von vier Bürsten in den mit (+) und (—) bezeichneten Stellungen.

Um den Kurzschlufs der Spulen aus dem Schema zu ersehen, mufs man die negativen und positiven Bürsten unter sich verbunden denken, wie das innerhalb des Kollektors in Fig. 34 angedeutet ist. In der momentanen Stellung werden durch die negativen Bürsten die Spulen 15 und 7 und durch die positiven Bürsten die Spulen 11 und 3 aus dem äufseren Stromkreise ausgeschaltet. —

Die grofse Bürstenzahl, welche die mehrpoligen Parallel-
schaltungen ergeben, läfst sich, sofern es wünschenswert ist, nach
einer von Mordey angegebenen Methode, vermeiden. Man verbindet zu dem Zwecke die symmetrisch zum magnetischen Felde
gelegenen Kollektorsegmente leitend mit einander und erhält dann,
unabhängig von der Polzahl, stets nur zwei Bürsten.

In Fig. 36 ist ein solches Schema dargestellt.

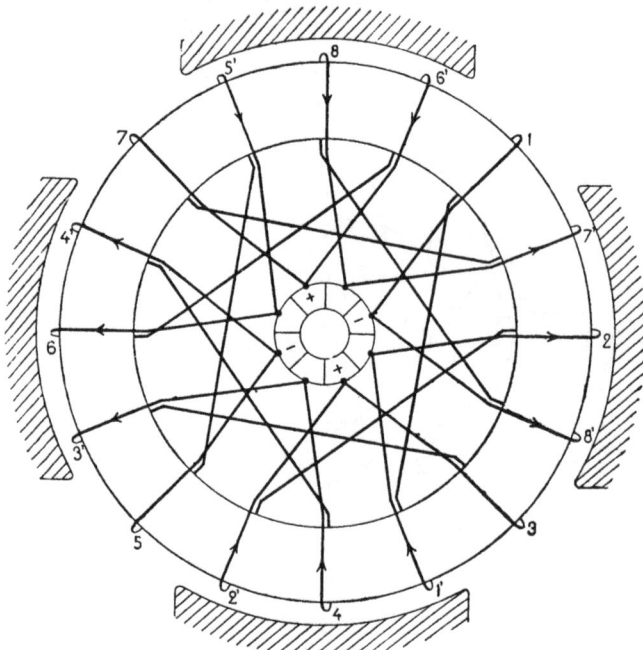

Fig. 38.

Die Mordeysche Wicklung gestaltet sich einfacher, wenn die
in Fig. 36 leitend verbundenen Kollektorsegmente zu einem einzigen Segmente vereinigt werden. Die Zahl der letzteren wird dann
allgemein $\frac{2s}{n}$ und an jedem derselben sind je $\frac{n}{2}$ Verbindungsdrähte angeschlossen. Fig. 37 gibt das Bild einer solchen
Wicklung.[1]

---

[1] W. Fritsche, Die Gleichstrom-Dynamomaschine S. 46.

Die schon durch Fig. 31 angeführte Wicklungsart von Wodicka kann auch bei mehrpoligen Ankern Anwendung finden. Bezeichnet w die Zahl der Wicklungsfelder, n die Polzahl, so sind diejenigen Spulen zu einem Paare zu verbinden, swischen denen $\frac{w}{n} \pm 1$ Wicklungsfelder liegen. In **Fig. 38** ist $s = w = 16$ und $n = 4$

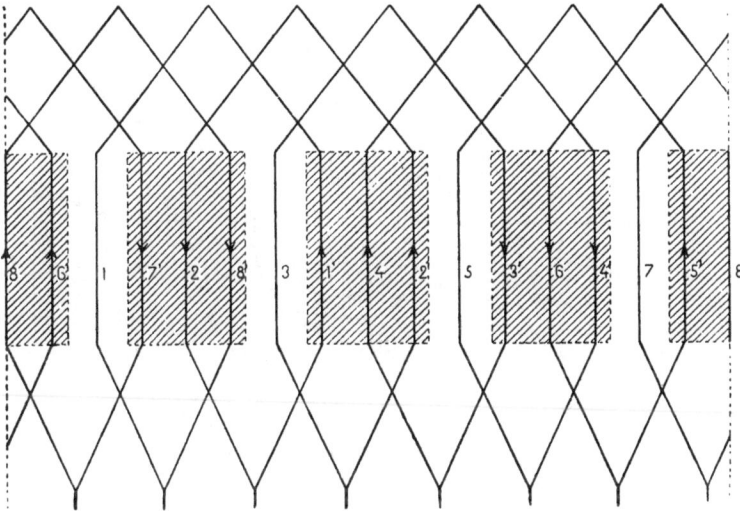

Fig. 39.

gewählt. Zwischen jedem Spulenpaare (z. B. zwischen $1-1'$) liegen $\frac{w}{n} + 1 = 5$ Wicklungsfelder. Die Enden der Spulenpaare werden nach dem Schema Fig. 33 verbunden, also $1'$ mit 2, $2'$ mit 3 u. s. w. In der allgemeinen Formel ist auch hier, unabhängig von der Polzahl, stets $n = 2$ einzusetzen; ferner ist $b = 2$, $a = \pm 1$. Rollt man das Schema in die Papierebene ab, so ergibt sich **Fig. 39**.

Das von Wodicka angegebene Verfahren läfst sich insofern erweitern, als wir bei n Polen n Spulen zu einer Gruppe in Reihenschaltung zusammenfassen können. Jeder Gruppe entspricht ein Kollektorsegment; die Zahl derselben wird somit $= \frac{s}{n}$. Die Zahl der Wicklungsfelder, welche zwischen je zwei Spulen einer Gruppe liegen, ist wiederum $= \dfrac{w}{n} \pm 1$. Eine solche Spulengruppierung ist in **Fig. 40** mit $s = w = 32$ und $n = 4$ veranschaulicht. Markieren

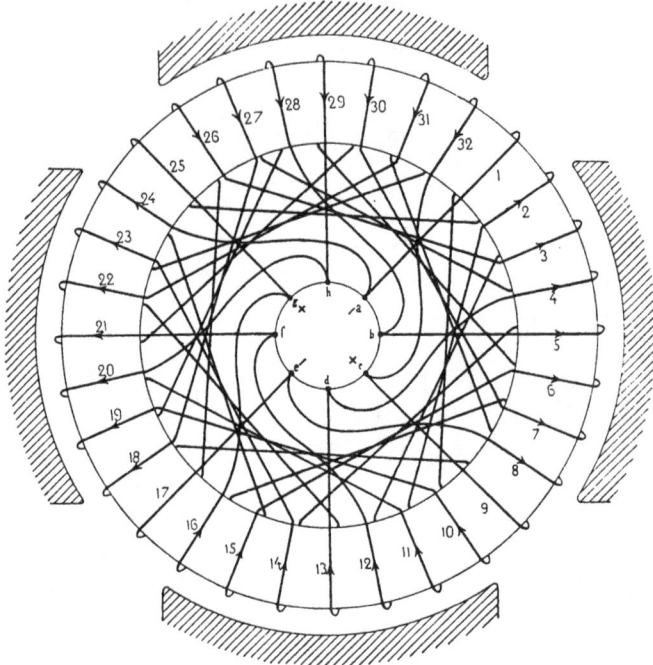

Fig. 40.

wir die Spulen mit aufeinanderfolgenden Nummern und über-springen wir je $\dfrac{w}{n} + 1 = 9$ Wicklungsfelder, so erhalten wir folgende Reihenfolge der miteinander zu verbindenden Spulen

$$
\begin{aligned}
&1 - 10 - 19 - 28\\
&5 - 14 - 23 - 32\\
&9 - 18 - 27\\
&4 - 13 - 22 - 31\\
&8 - 17 - 26\\
&3 - 12 - 21 - 30\\
&7 - 16 - 25\\
&2 - 11 - 20 - 29\\
&6 - 15 - 24 - \;\; 1.
\end{aligned}
$$

Mittels der Schaltungsformel läfst sich diese Wicklung durch die Werte $b = 2$ und $a = \pm \frac{n}{2}$ charakterisieren. Für $n = 4$. $s = 32$ wird

$$y = \frac{2}{n} \left(\frac{s}{b} \pm a \right) = \frac{2}{4} \left(\frac{32}{2} + 2 \right) = 9.$$

Das abgewickelte Schema **Fig. 41** zeigt, dafs wir es mit einer der Wellenwicklung übereinstimmenden Verbindungsweise zu thun

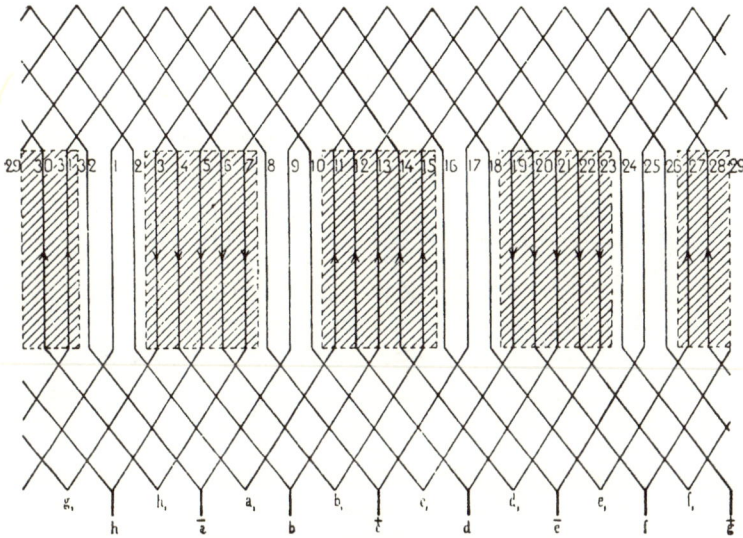

Fig. 41.

haben. Unter Beibehaltung derselben Wicklungsart kann, wie aus Fig. 41 ersichtlich, die Zahl der Kollektorteile verdoppelt werden, indem man die in $a_1 \, b_1 \ldots h_1$ zusammenstofsenden Drähte ebenfalls an den Kollektor anschliefst. —

3. Mehrpolige Ringanker mit Reihenschaltung.

Während bei der Parallelschaltung mehrpoliger Anker stets ebenso viele Stromzweige als Pole vorhanden sind, ergibt die Reihenschaltung nur zwei Stromzweige, und daher stets nur zwei Bürsten. Das für zweipolige Anker gültige Stromschema Fig. 30 ist somit auch für mehrpolige Anker mit Reihenschaltung bezeichnend.

Sämtliche Spulen werden, von den Bürsten ausgehend, in
zwei Gruppen mit entgegengesetzter Stromrichtung geteilt; beide
Gruppen sollen in Bezug auf die Induktion gleichwertig sein.

Unter sonst gleichen Verhältnissen und bei gleicher Zahl der
Ankerwindungen ist die elektromotorische Kraft, welche bei Reihen-

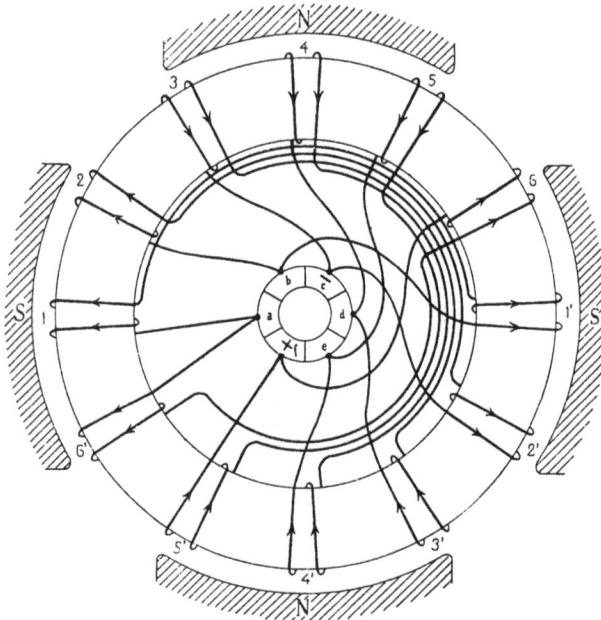

Fig. 42.

schaltung erreicht wird, $\frac{n}{2}$ mal so grofs als bei Parallelschaltung,

die Stromstärke dagegen $\frac{n}{2}$ mal kleiner. Die Reihenschaltung wird
also da anzuwenden sein, wo hohe Stromspannung oder geringe
Umfangsgeschwindigkeit des Ankers bedingt ist.

Da die Reihenschaltung eine einfachere Konstruktion des
Kollektors und des Bürstenapparates ermöglicht, so eignet sich
dieselbe in gewissen Fällen auch da, wo Parallelschaltung angewendet werden könnte.

Ein Schema für Reihenschaltung läfst sich in einfacher Weise
aus der Parallelschaltung ableiten, wenn wir bei einer geraden

Spulenzahl die symmetrisch und in gleichsinnigen magnetischen Feldern gelegenen Spulen so miteinander verbinden, daſs dieselben als eine einzige Spule betrachtet werden können, denen auch nur ein Kollektorsegment entspricht. Da die Anzahl der symmetrisch

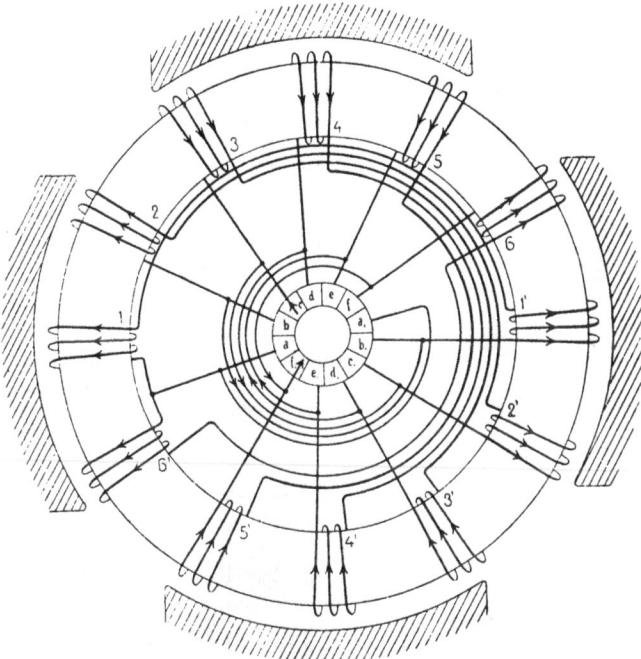

Fig. 43.

und gleichsinnig gelegenen Spulen $= \frac{n}{2}$ ist, so wird die Zahl (c) der Kollektorsegmente

$$c = \frac{2s}{n}.$$

In **Fig. 42** ist ein solches Schema für $n = 4$, $s = 12$, $c = 6$ entworfen.

Vom Segmente a ausgehend, betrachten wir die diametral gegenüber liegenden Spulen 1 und 1' als eine einzige Spule, wir verbinden das Ende 1' mit dem von a benachbarten Segmente b und dem Anfange der von 1 benachbarten Spule 2; 2 2' bildet

3*

die zweite Spule u. s. f. Auf diese Weise wird das mehrpolige
Schema sozusagen auf ein zweipoliges zurückgeführt; es gilt hier
dieselbe Schaltungsregel wie dort.

In jeder Spule wechselt der Strom pro Umdrehung viermal
seine Richtung, also ergeben sich pro Umdrehung $4 \cdot 12 = 48$ oder

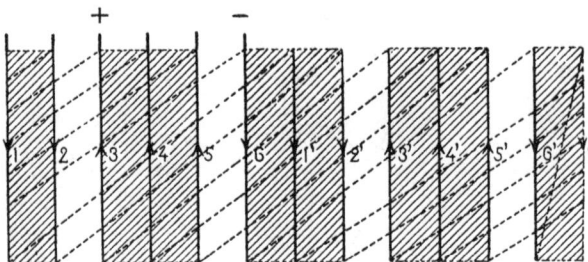

Fig. 44.

allgemein $n \cdot s$ Stromwechsel. Bei $c = 6$ Kollektorteilen und zwei
Bürsten muſs daher jede Bürste gleichzeitig $\dfrac{n \cdot s}{2\,c} = \dfrac{48}{12} = 4$ Spulen

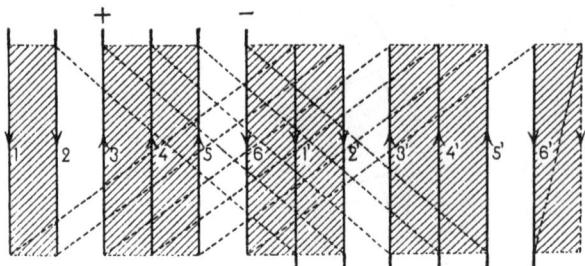

Fig. 45.

kurz schlieſsen. Wie aus dem Schema zu ersehen, werden aber
nur zwei Spulen gleichzeitig kurz geschlossen, dasselbe ist daher
in dieser Gestalt nicht brauchbar.

Dieser Fehler läſst sich offenbar durch Verdoppelung der Zahl
der Kollektorteile beseitigen; in **Fig. 43** [1]) ist das geschehen.

Zu den in Fig. 42 vorhandenen Segmenten $abcdef$ sind die
Segmente $a_1 b_1 c_1 d_1 e_1 f_1$ hinzugetreten, welche den vorhergehenden

---

[1]) La lumière electr. 1887 p. 514.
　　The Electrician 1889 p. 139.

diametral (für $n = 4$) gegenüberliegen und mit denselben leitend
verbunden sind.

Ist ganz allgemein die Spulenzahl s ein Vielfaches von $\frac{n}{2}$,
wobei n wiederum eine beliebige, gerade Polzahl bedeutet, so wird

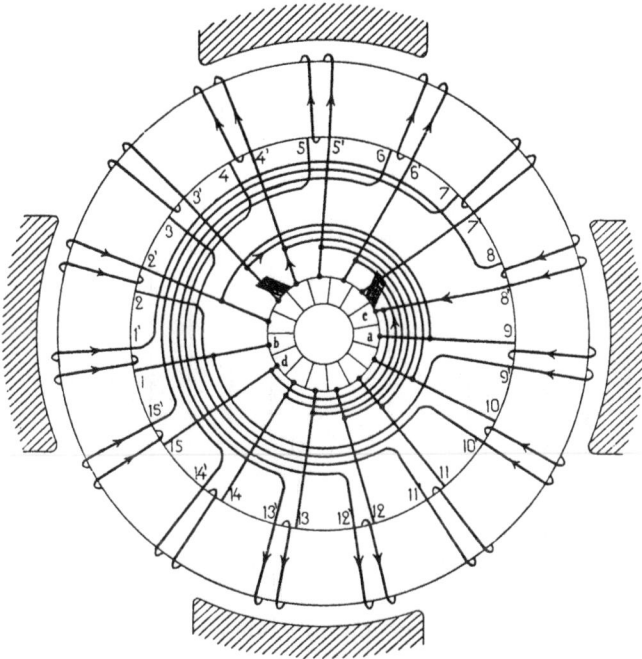

Fig. 46.

die Zahl der Kollektorsegmente $= s$, und je $\frac{n}{2}$ Segmente, die

um einen Winkel von $\dfrac{2 \cdot 360}{n}$ Grad auseinander liegen, sind leitend

miteinander zu verbinden.

Durch jede Bürste werden dann gleichzeitig $\frac{n}{2}$ Spulen kurz
geschlossen.

Die **Fig. 44** und **Fig. 45** stellen die Verbindungen der Fig. 42
und 43 in abgewickelter Form dar. Die induktionsfreien (punktierten)

Verbindungen sind so gezeichnet, dafs wir in Fig. 44 eine Wellenwicklung und in Fig. 45 eine Schleifenwicklung erhalten.

In den obigen Figuren tritt durch die Verbindung von 6' mit 1
eine Unsymmetrie auf; dieselbe ist eine Folge der geraden Spulenzahl. Wählen wir, da $b = 1$ und $z = s$, die Spulenzahl allgemein
nach der Formel

$$s = \frac{n}{2} \cdot y \pm 1,$$

so erhalten wir ganz symmetrische Querverbindungen. Ist $\frac{n}{2}$ ungerade, so kann s auch eine gerade Zahl sein.

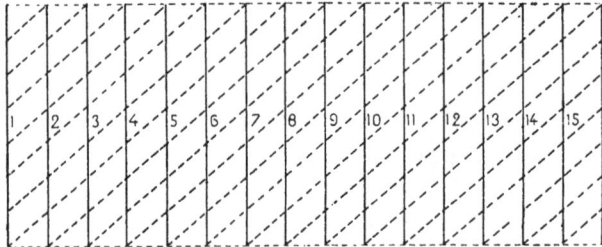

Fig. 47.

In **Fig. 46** ist

$$s = \frac{4}{2} \cdot 7 + 1 = 15; \quad y = 7.$$

Bezeichnen wir die Spulen mit fortlaufenden Nummern und betrachten wir 1, 2, 3 . . . als Anfang und 1', 2', 3' . . . als die
Enden der Spulen, so haben wir nach der allgemeinen Schaltungsregel 1' mit $1 + 7 = 8$ und 8' mit $8 + 7 = 15$ u. s. f. zu verbinden.

Die Kollektorsegmente sind wieder nach der angegebenen
Regel untereinander verbunden, da wir aber eine ungerade Anzahl
haben, so bleibt ein Segment, in der Figur das Segment b, für
sich allein. Zwischen zwei Segmenten liegen beim Verfolgen der
Wicklung stets zwei Spulen, und es werden durch jede Bürste je
zwei Spulen kurz geschlossen, nur zwischen den Segmenten a und b
liegt eine einzige Spule. Ist $\frac{n}{2}$ ungerade und s gerade, so fällt
diese Ungleichheit fort.

Das abgewickelte Schema ist in **Fig. 47** dargestellt, wir erhalten eine sägenartige Wellenwicklung mit induktionsfreien Querverbindungen.

Aus dem Schema Fig. 46 können wir eine neue Wicklung ableiten, wenn wir, anstatt zwei (allgemein $\frac{n}{2}$) Spulen ohne Abzweigung zu durchlaufen, Anfang und Ende einer jeden Spule

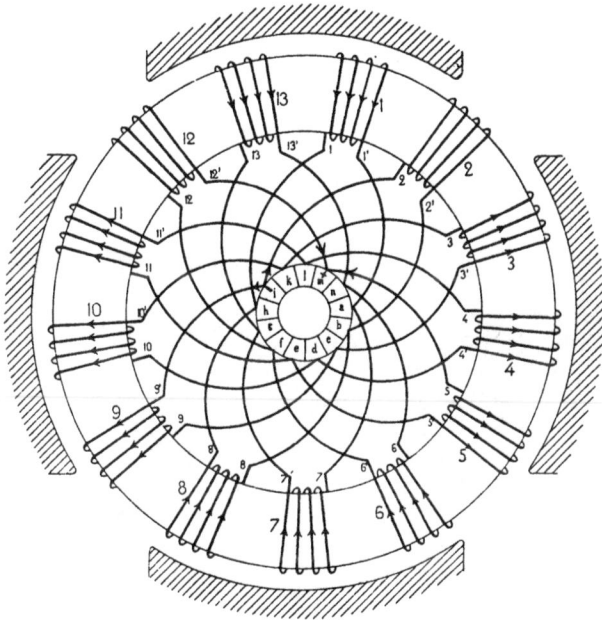

Fig. 48.

mit einem Kollektorsegmente verbinden, d. h. wenn wir in Fig. 46 von dem Segmente b ausgehen, so durchlaufen wir die Spule 1—1', verbinden 1' nicht nur mit 8, sondern auch mit dem Segment c, dagegen 8' nur mit Segment d und 15 u. s. f.

Eine derartige Wicklung wurde zuerst von A n d r e w s [1]) angewendet. Nach S. P. Thompson [2]) soll diese Methode von P e r r y schon im Jahre 1882 angegeben worden sein.

---

[1]) Vgl. G. Kapp, The Engineer 60. p. 62. 1885. Kittler, Handb. I. T. p. 533.

[2]) S. P. Thompson, Dynamoelektr. Masch. III. Aufl. p. 163.

S. P. Thompson [1]) ist der Meinung, daſs sich diese Wicklung nur für ungerade Spulenzahlen eignet. Diese Ansicht trifft aber nur dann zu, wenn $\dfrac{n}{2}$ gerade ist.

Die Spulenzahl muſs allgemein

$$s = \frac{n}{2} y \pm 1 \text{ sein.}$$

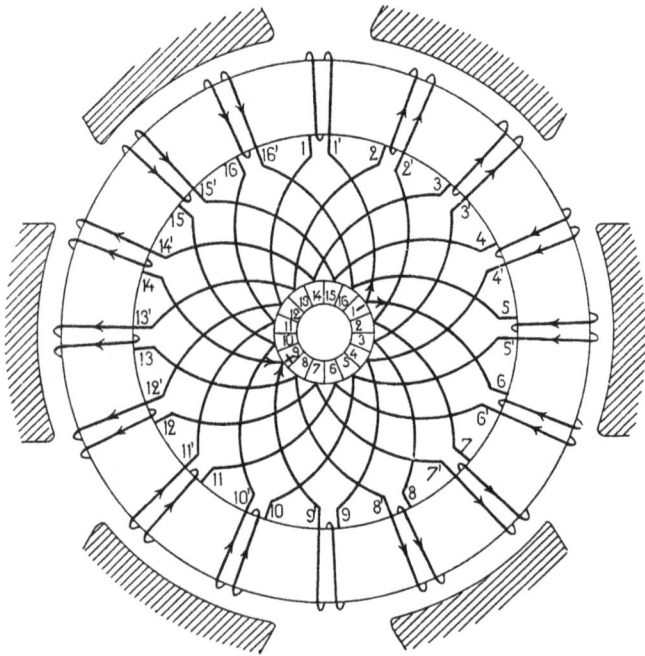

Fig. 49.

Eine Wicklung nach dieser Methode für

$$p = 4 \qquad s = 13 \qquad y = 6 \qquad c = 13$$

ist in **Fig. 48** ausgeführt.

Nach der üblichen Nummerierung und Anwendung der all-gemeinen Schaltungsregel ergibt sich, daſs z. B. das Ende der ersten Spule oder 1′ mit dem Anfang der $y + 1 = 7$. Spule zu verbinden ist u. s. f. — Durch Einzeichnen und Verfolgen der Stromrichtungen finden wir die Lage der Bürsten, die um 45° von einander abstehen.

---

[1]) Ebendaselbst.

Dieselbe Schaltung läfst sich, wie schon erwähnt, wenn $\frac{n}{2}$ ungerade, auch für eine gerade Spulenzahl anwenden. In **Fig. 49** ist das für

$$n = 6 \qquad y = 5$$
$$s = \frac{6}{2} . 5 + 1 = 16 \text{ dargestellt.}$$

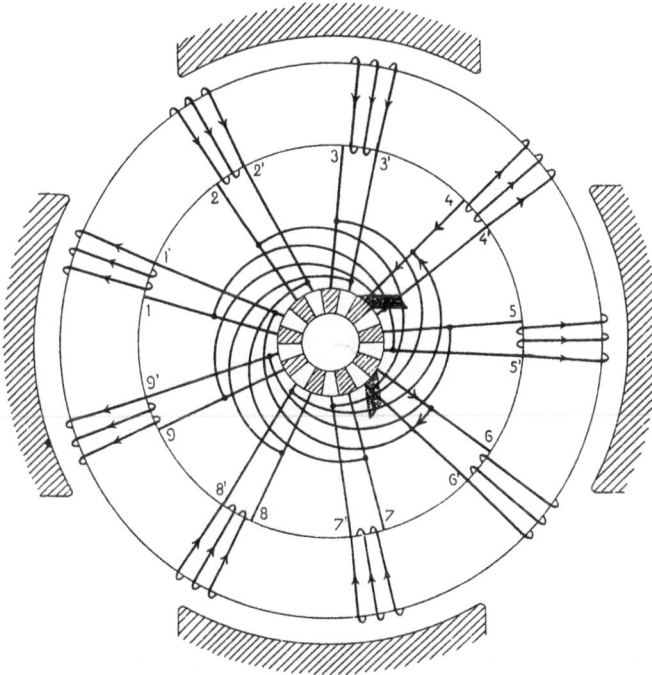

Fig. 50.

Hierbei zeigt sich die Eigentümlichkeit, dafs die Bürstenlagen einen Winkel von 180° einschliefsen. Wäre dagegen s ungerade, z. B. für $y = 8$, $s = 3 . 8 - 1 = 23$, so würden die Bürsten nur um 60° voneinander zu versetzen sein.

Sowohl in Fig. 48 als 49 können die Verbindungen der Spulen mit dem Kollektor in zwei Ebenen untergebracht werden, indem wir z. B. in Fig. 48 in eine Ebene die Verbindungen $a1'$, $b2'$, $c3'$ ... u. s. f. und in die zweite die Verbindungen $a7$, $b8$, $c9$ ... u. s. f. legen, wodurch eine gute Isolation wesentlich erleichtert wird.

Die Zahl der Spulen, welche von einer Bürste gleichzeitig kurz geschlossen werden, ist in Fig. 48 und Fig. 49 gleich $\frac{n}{2}$; in der letzteren Figur werden somit durch beide Bürsten gleichzeitig

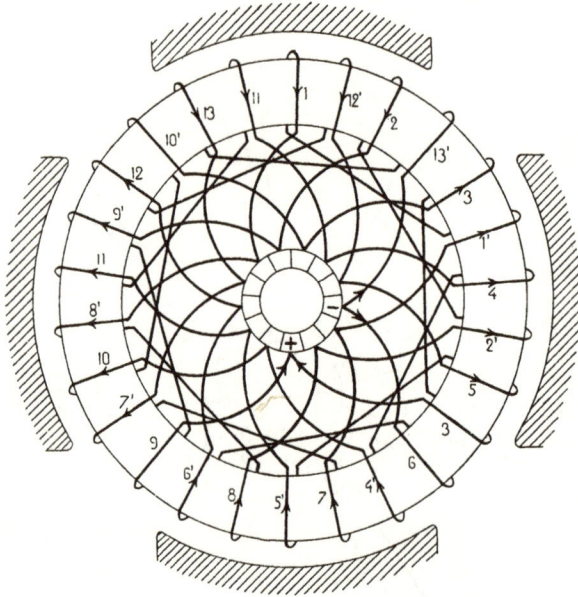

Fig. 51.

sechs Spulen aus dem Stromkreise ausgeschaltet. Will man unter solchen Umständen einen konstanten Strom erzeugen und Funkenbildung am Kollektor vermeiden, so muſs die Zahl der Kollektorsegmente möglichst groſs gewählt werden.

Eine groſse Segmentzahl läſst sich entweder durch gleichzeitiges Vermehren der Spulenzahl, oder in Übereinstimmung mit Fig. 43 durch Einschieben neuer Segmente erreichen.

Wählen wir, um den letzten Weg einzuschlagen, die Zahl der Segmente $c = s \cdot \frac{n}{2}$, so wird jede Bürste gleichzeitig nur

$$\frac{s \cdot n}{2c} = \frac{s \cdot n}{s \cdot n} = 1 \text{ Spule kurz schließen.}$$

Desroziers[1]) hat eine derartige Schaltung für Scheibenanker (vgl. Fig. 122) zur Anwendung gebracht. Die Zahl der Kollektorsegmente ist allgemein $= s \cdot \frac{n}{2}$ und $\frac{n}{2}$ Segmente, die um einen

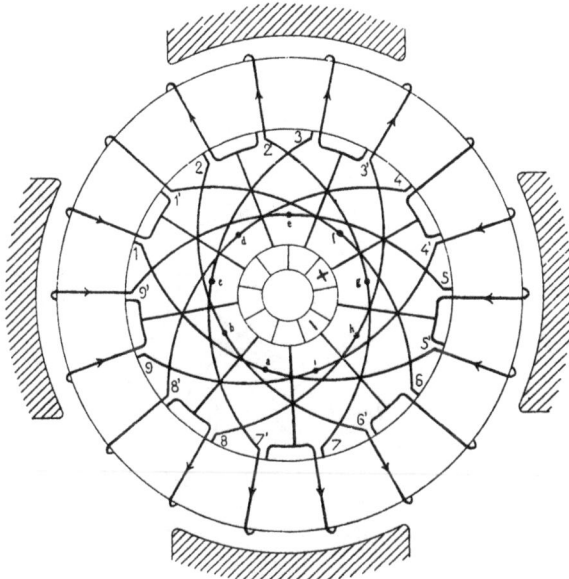

Fig. 52.

Winkel von $\frac{2 \cdot 360}{n}$ Grad von einander abstehen, sind leitend miteinander verbunden. Die Zahl der Spulen ist wiederum

$$s = \frac{n}{2} \cdot y \pm 1.$$

Fig. 50 zeigt die Anwendung der Methode von Desroziers auf einen Ringanker.[2]) Der Figur entspricht $n = 4$, $s = 9$, $y = 5$. Nach der allgemeinen Schaltungsregel ist 1' mit $1 + 5 = 6$ und 6' mit $6' + 5 = 9 + 2$ also mit 2 zu verbinden u. s. f. Die eingeschobenen Segmente sind schraffiert, lassen wir dieselben weg, so erhalten wir die Schaltung von Andrews und Perry.

[1]) Elektrotechn. Zeitschr. Bd. X. p. 200. 1889.
[2]) Vgl. Rechniewski, La Lum. electr. Bd. 24. p. 516. 1887.

Sollte es wünschenswert erscheinen, so läfst sich die Zahl der Kollektorsegmente auch ve r m i n d e r n, indem wir das Schema des Trommelankers auf den Ring anwenden.

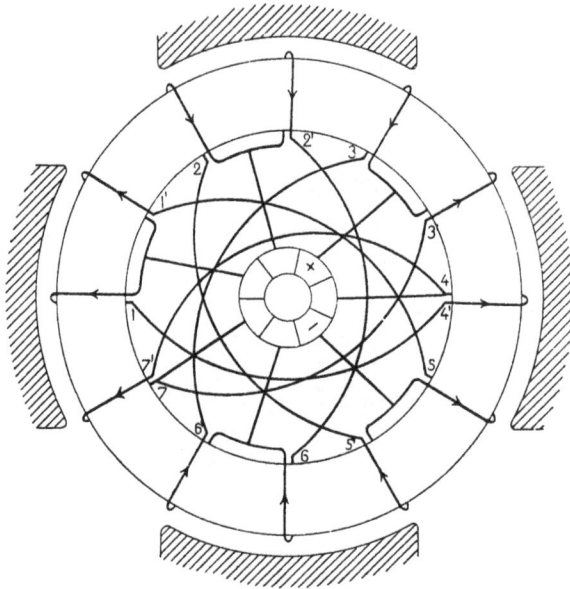

Fig. 53.

Ist die Spulenzahl

$$s = \frac{n}{2}\left(\frac{n}{2} y \pm 1\right),$$

so läfst sich die Schaltung so ausführen, dafs

$$c = \frac{2s}{n}.$$

In **Fig. 51** ist diese Bewicklungsmethode für $n = 4$, $s = 2 . 13$, $c = 13$ und $y = 6$ dargestellt. Die paarweise zusammengehörigen Spulen sind mit gleichen Nummern bezeichnet und die Verbindungen nach der allgemeinen Schaltungsregel durchgeführt.

Anstatt die Spulen, welche in Fig. 51 zu einem Paare vereinigt sind, in magnetische Felder von entgegengesetzter Polarität zu legen, können auch nebeneinander liegende Spulen zu einem Paare verbunden werden. Die Zahl der Kollektorsegmente wird dann allgemein $= \dfrac{s}{2}$, vorausgesetzt, dafs $b = 2$ und

$$s = 2 \left(\dfrac{n}{2} y \pm 1 \right).$$

In **Fig.** 52 ist $n = 4$; $s = 9$; $y = 5$ angenommen. Anfang und Ende eines Spulenpaares sind mit gleichen Zahlen bezeichnet.

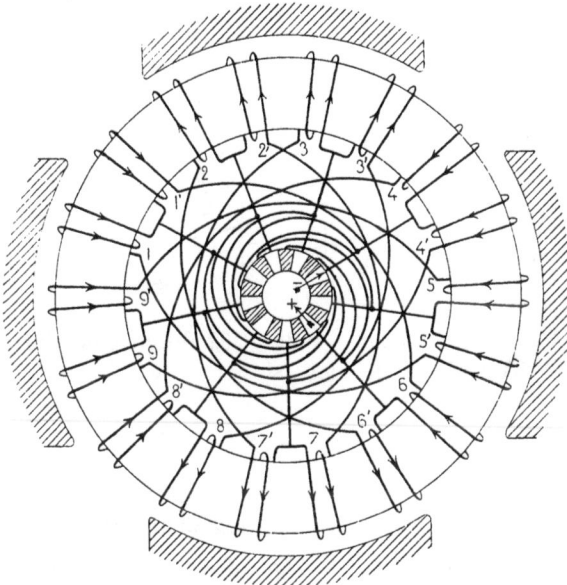

Fig. 54.

Um eine Reihenschaltung zu erhalten, verbinden wir nach der allgemeinen Schaltungsregel 1' mit 6, 6' mit 2 u. s. f. und führen von jeder Verbindungsstelle eines Spulenpaares eine Abzweigung nach dem Kollektor. Schliefst man dagegen die Querverbindungen, bezüglich die Punkte a, b, c, d, e, f, g, h, i an den Kollektor, so entsteht ein mit der Andrews-Perry'schen Wicklung übereinstimmendes Schema.

Die obige Wicklungsmethode läfst sich auch dann durchführen, wenn die Spulenzahl ein Vielfaches der Polzahl ist, jedoch wird die Wicklung nicht mehr wie in Fig. 52 symmetrisch, sondern unsymmetrisch, wie **Fig. 53** darstellt.

Die Zahl der Kollektorsegmente wird $c = \frac{n}{2} y \pm 1$.   Im ganzen sind 12 Spulen vorhanden, 10 derselben sind als 5 Paare und die zwei übrig gebliebenen einzeln eingeschaltet, so daſs 7 Kollektorteile erforderlich sind; daher $y = 4$.

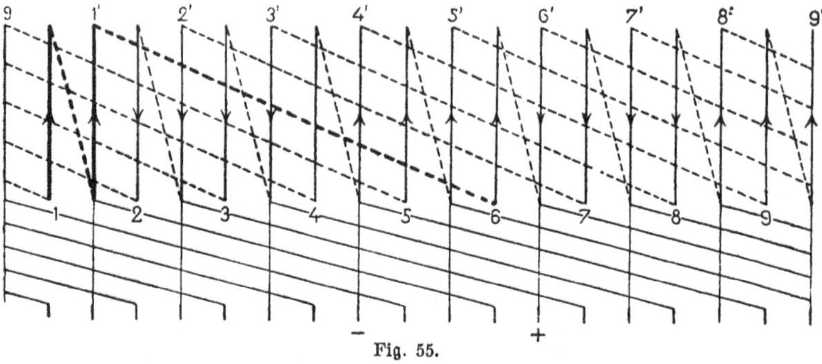

Fig. 55.

Die Spulenzahl, welche in Fig. 52 durch eine Bürste gleichzeitig zum Kurzschluſs gelangt, ist

$$= \frac{s\,n}{2\,c} = \frac{s \cdot n}{2 \cdot \frac{s}{2}} = 4.$$

Diese Zahl läſst sich für eine beliebige Polzahl n auf 2 herabmindern, wenn wir nach der in Fig. 43 und Fig. 50 angegebenen Methode verfahren und die Zahl der Kollektorteile $c = \frac{s \cdot n}{4}$ wählen.

Ein unter diesen Bedingungen entworfenes Schema[1]) ist in **Fig. 54** aufgezeichnet.

Ein Wicklungselement enthält zwei induzierte Stäbe, somit $b = 2$,

$$y = \frac{2}{n}\left(\frac{z}{b} - 1\right)$$

$$y = \frac{2}{4}\left(\frac{18}{2} - 1\right) = 4,$$

1 ist mit 5' zu verbinden (oder 1' mit 5).

Läſst man die schraffierten Kollektorteile fort, so entsteht wiederum das Schema Fig. 52.

---

[1]) La Lum. electr. T. 24 p. 515.

Alioth & Ko. benutzen diese Wicklungsmethode für Trommelanker und Jehl & Rupp für Scheibenanker. (Vgl. Fig. 91 u. Fig. 131.)

Fig. 55 veranschaulicht das in die Ebene abgewickelte Schema Fig. 54. Wir erhalten eine Wellenwicklung mit abwechselnd langen und kurzen Wellen.

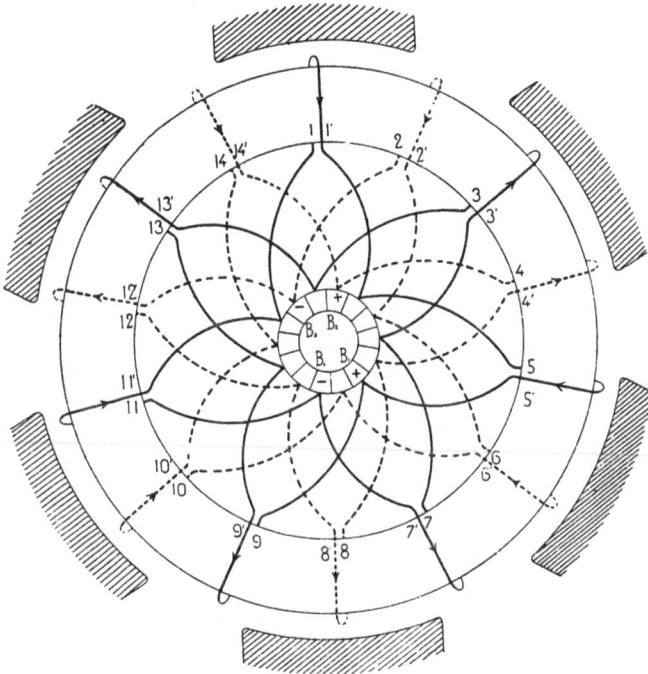

Fig. 56.

4. Mehrpolige Ringanker mit gemischter Schaltung.

Gemischte Schaltungen haben wir diejenigen genannt, welche unter Anwendung der allgemeinen Schaltungsregel aus der Formel

$$s = b = \left(y \cdot \frac{n}{2} \pm a \right)$$

für die Werte

$$a > 1 \text{ und } \begin{matrix} < \frac{n}{2} \\ > \frac{n}{2} \end{matrix}$$

hervorgehen.

Die Zahl dieser Schaltungen würde, besonders wenn wir die verschiedenen für Parallel- und Reihenschaltung angeführten Wicklungsmethoden noch mit in Betracht ziehen, eine sehr grofse und sehr mannigfaltige werden. Wir wollen dieselben hier nicht auf ihre praktische Brauchbarkeit und Bedeutung untersuchen, sondern nur einige typische Beispiele derselben in den nachfolgenden Figuren anführen.

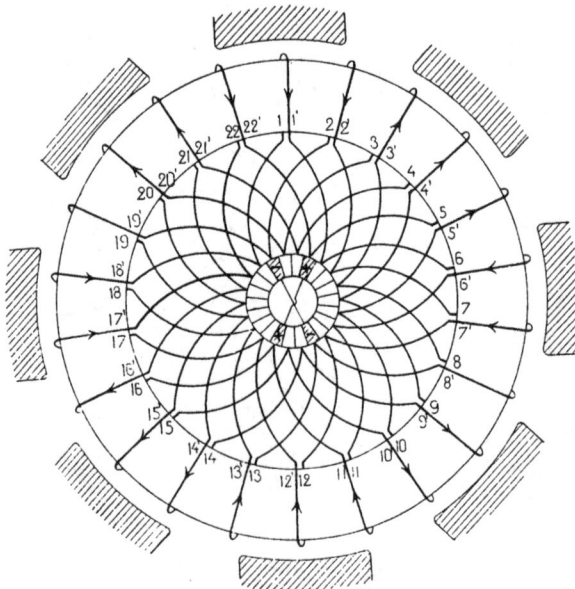

Fig. 57.

In **Fig. 56** ist $n = 6$, $b = 1$, $a = 2$, $y = 4$ angenommen. Es wird dann $s = 14$, und das Schema liefert zwei von einander unabhängige Reihenschaltungen, welchen die Bürstenlagen $B_1 B_1$ und $B_2 B_2$ entsprechen. Wäre die Spulzahl ungerade, z. B. $y = 5$ und $s = 17$, so würden wir nur eine einzige in sich geschlossene Wicklung mit ebenfalls vier Bürsten erhalten.

Für $n = 8$, $a = 2$, $b = 1$, $y = 5$, $s = 22$ gibt **Fig. 57** das entsprechende Bild.

Sämtliche Spulen sind zu einem einzigen in sich geschlossenen Linienzuge verbunden.

Ein interessantes Schema entsteht unter Annahme von $n = 6$, $a = 4$, $b = 1$, $y = 10$, $s = 34$, welches durch **Fig. 58** dargestellt wird. Dasselbe enthält zwei ganz selbständige Wicklungen für je 17 Spulen mit den Bürstenlagen a, c, e, g und b, d, f, h. Die letzteren fallen paarweise zusammen, so daß im ganzen, obwohl

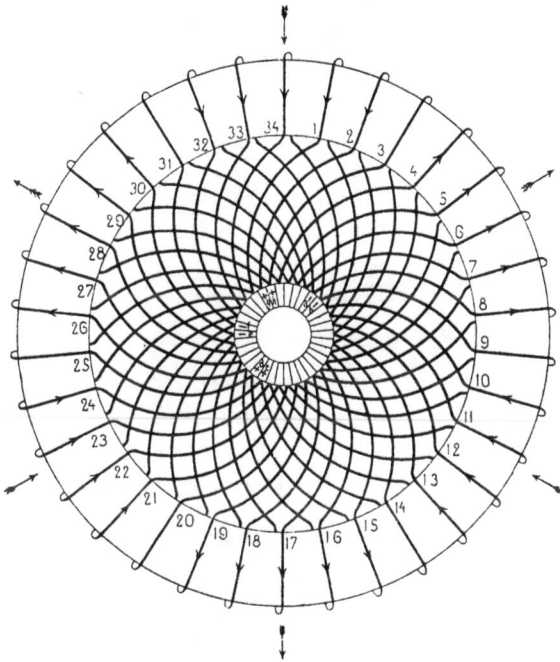

Fig. 58.

die Spulen in 8 Gruppen parallel verbunden sind, nur 4 Bürsten (von doppelter Breite) erforderlich sind. Wir haben also für 6 Pole eine 8 fache Parallelschaltung mit 4 Bürsten.

Wählen wir die Spulenzahl, bei ebenfalls $n = 6$ Polen, ungerade, z. B. $y = 9$, $a = 4$, $s = 31$, so veranschaulicht **Fig. 59** das entsprechende Schema.

Sämtliche Spulen gehören einer einzigen Wicklung an. Von den 8 Bürstenlagen fallen 2 mal 2 derselben mit benachbarten

Kollektorsegmenten zusammen, so daſs 6 Bürsten zur Stromabnahme genügen würden.

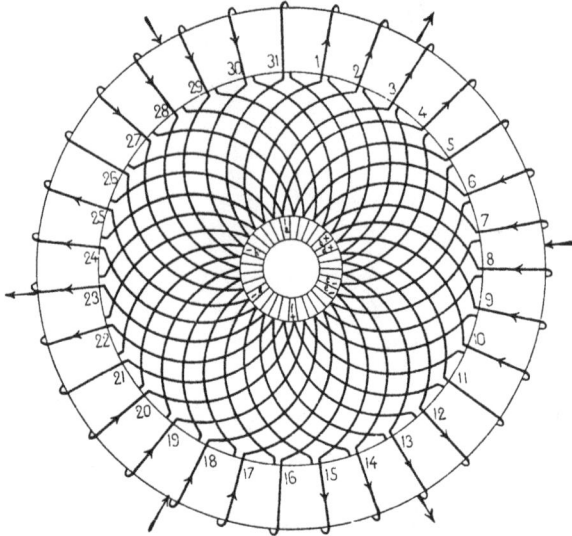

Fig. 59.

Die Trommelankerwicklungen.

1. Zweipolige Trommelanker.

Durch Vervollkommnung des Siemensschen Doppel-T-Induktors mit zweiteiligem Kommutator, schuf v. Hefner-Alteneck im Jahre 1872 eine Ankerbewicklung, welche für die Erzeugung eines Gleichstromes ebenso geeignet ist, wie die Ringankerwicklung von Pacinotti.

v. Hefner-Alteneck wickelt die Drahtspulen knäuelartig auf eine Trommel parallel zu deren Achse, so daſs bei der Rotation im magnetischen Felde je zwei Seiten einer Spule der Induktion ausgesetzt sind. Die Stabzahl z ist daher allgemein gleich der doppelten Spulenzahl s. Jeder Spule entspricht ein Kollektor-segment und jedes Segment steht mit zwei Spulen derart in Ver-bindung, daſs alle Spulen eine in sich geschlossene Wicklung bilden, welche durch beide Bürsten in zwei parallel geschaltete Hälften geteilt wird.

Der Einfachheit halber wählen wir zunächst eine Wicklung mit nur 8 Spulen und demnach auch 8 Kollektorlamellen a, b, c, d, e, f, g, h in Fig. 60. — Wir denken uns wiederum die Stirnfläche des Ankers von der Kollektorseite aus angesehen. Die Erzeugenden der cylindrischen Trommel, also auch die induzierten Drähte erscheinen dann als Punkte an der Peripherie der Stirnfläche. Die Verbindungen auf der hinteren Stirnfläche werden gar nicht oder mit punktierten Linien angedeutet.

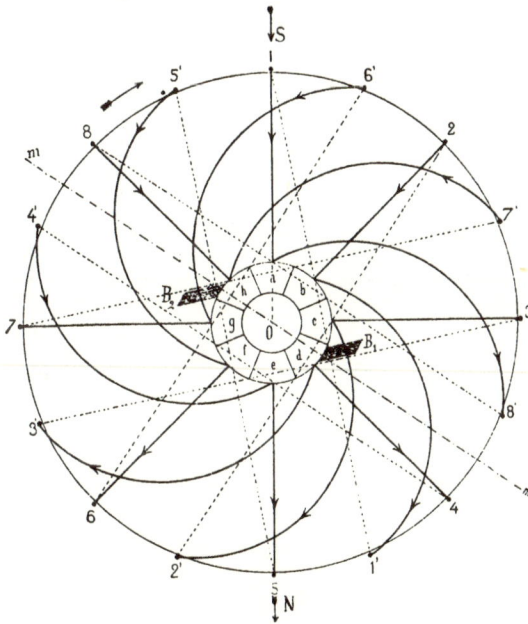

Fig. 60.

Machen wir die Voraussetzung, dafs die den Spulen entsprechenden Erzeugenden des Cylinders alle in gleichen Abständen nebeneinander liegen sollen, so erhalten wir, da jeder Spule zwei Erzeugende angehören 16 Wicklungsfelder. Wir teilen somit den Cylinderumfang in 16 gleiche Teile und bezeichnen dieselben, zunächst je ein Feld überspringend, mit 1, 2, ... 8 . Diametral 1 gegenüber kommt 5 zu liegen, soll daher die zweite Erzeugende 1' der Spule 1—1' nicht mit 5 zusammenfallen, so müssen wir die Windungen der Spule 1—1' rechts oder links vom Wicklungsfelde

4*

5 unterbringen. In Fig. 60 liegt 1' rechts von 5. Wir versehen nun, von 1' ausgehend und ebenso wie vorhin im Sinne des Uhrzeigers fortschreitend, die freigebliebenen Wicklungsfelder der Reihe nach mit den Ziffern 2', 3' . . . . 8'. Die Zahlen 1 bis 8 wollen wir als die Wicklungsanfänge und 1' bis 8' als die Wicklungsenden der einzelnen Spulen betrachten.

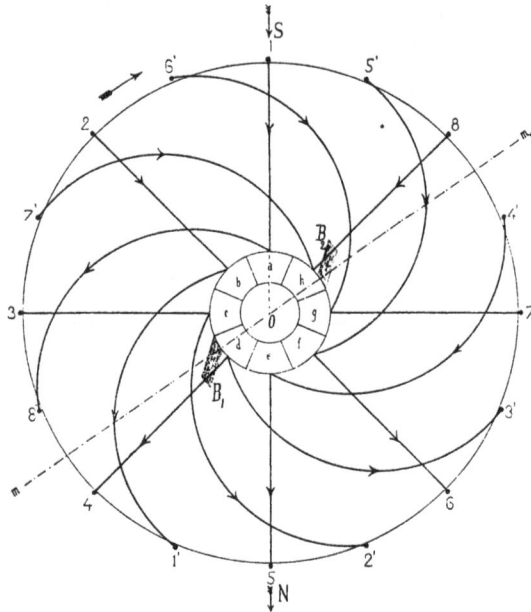

Fig. 61.

Um z. B. die Spule 1—1' herzustellen, beginnen wir bei 1, führen den Draht längs der Mantelfläche des Cylinders bis zur hinteren Stirnfläche, biegen denselben rechtwinklig um, gehen längs der punktierten Linie 1—1' auf die andere Seite des Cylinders, biegen den Draht wieder rechtwinklig um, führen denselben auf der Mantelfläche zur vorderen Stirnfläche und, nochmals umbiegend, längs 1—1' zum Ausgangspunkte zurück u. s. f., bis die gewünschte Windungszahl erreicht ist. Das letzte Ende führen wir dagegen nicht nach 1 zurück, sondern wir schneiden den Draht, sobald wir an der vorderen Stirnfläche bei 1' angelangt sind, ab, lassen jedoch den Draht um eine Länge, welche zur späteren Verbindung der Spule mit dem Kollektor erforderlich ist, über 1' hinaus hervorstehen. Auf diese Weise erhalten wir 16 Drahtenden 1 bis 8 und 1' bis 8', deren Verbindungsart durch die allgemeine Schaltungsregel unzweideutig bestimmt ist.

Halten wir an der Bedingung fest, daß jede Querverbindung zweier Spulen mit einem Kollektorsegmente in Verbindung stehen

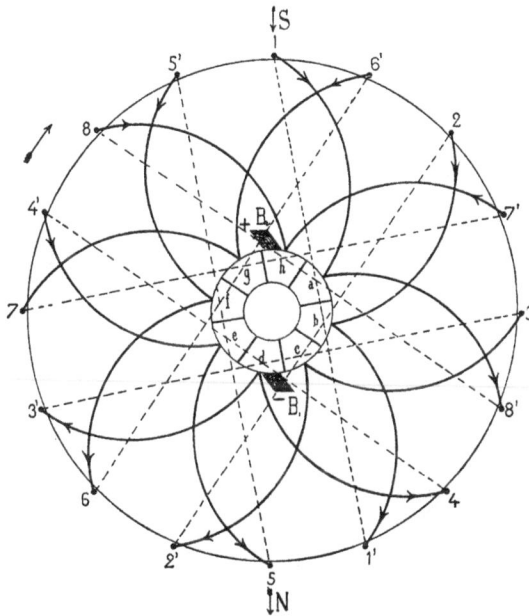

Fig. 62.

muß, so wird die Zahl der Kollektorsegmente gleich der Spulenzahl. — Es ist gleichgültig von welchem Segmente man ausgeht, bez. welches Segment man z. B. mit 1 verbindet, nur müssen dann die übrigen Segmente nach rechts oder links vorwärtsschreitend der Reihe nach mit den in demselben Sinne aufeinanderfolgenden Spulen verbunden werden. Man spricht im ersten Falle von rechtsgängiger, im zweiten Falle von linksgängiger Schaltungsrichtung[1].

---

[1] Vgl. Dr. A. v. Waltenhofen Zeitschrift für Elektrot. 1887 S. 316.

In Fig. 60 ist eine rechtsgängige, in **Fig. 61** eine linksgängige Wicklung nach v. Hefner-Alteneck dargestellt. In beiden Figuren ist $b = 2$, $a = 1$,

$$n = 2, \quad z = 2\,s = 16, \quad y = \frac{2}{n}\left(\frac{z}{b} - 1\right) = 7.$$

Der Anfang einer beliebigen Spule x ist mit dem Ende der $(x + 7\text{ten})$ Spule, also z. B. 1 mit 8′ zu verbinden u. s. f. —

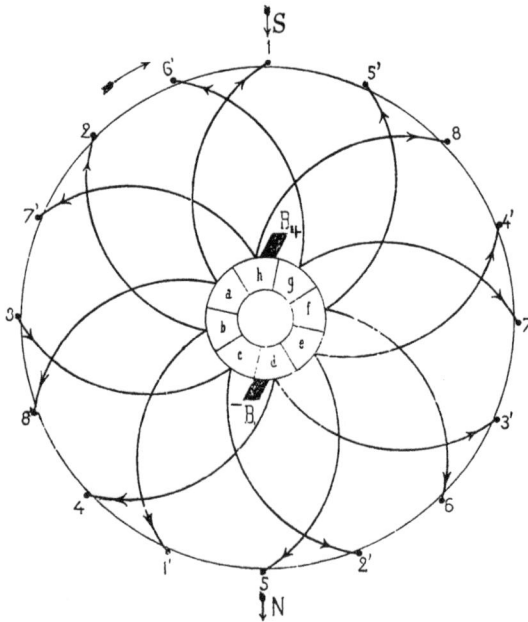

Fig. 63.

Durch Verfolgen der Stromrichtung, welche für jede Spule durch Pfeile markiert ist, läfst sich die Lage der Bürsten leicht bestimmen. Es ergibt sich, dafs bei einer Drehrichtung des Ankers im Sinne des Uhrzeigers die negative Bürste bei rechts-gängiger Schaltung rechts und bei linksgängiger Schaltung links von der Verbindungslinie des Nordpols mit dem Südpole liegt.

Beide Bürsten befinden sich auf einem Durchmesser $m\,m_1$ welcher bei grofser Spulenzahl zur Verbindungslinie der Pole nahezu senkrecht steht. In den Figuren 60 und 61 mit nur 8 Spulen sind die Bürsten im Sinne der Schaltungsrichtung erheblich verdreht, so dafs der Winkel mOS beträchtlich von 90° verschieden ist.

In der gezeichneten Lage teilt sich der Strom, von der negativen Bürste ausgehend, in die beiden Zweige

$$B_1 \, d\, 4\, 4'\, e\, 5\, 5'\, f\, 6\, 6'\, g\, 7\, 7'\, B_2$$
$$B_1 \, d\, 3'\, 3\, c\, 2'\, 2\, b\, 1'\, 1\, a\, 8'\, 8\, h\, B_2.$$

Je zwei benachbarte Spulen, z. B. 33' und 77', werden, sobald die Ebenen derselben senkrecht zur Pollinie NS stehen, gleichzeitig kurz geschlossen.

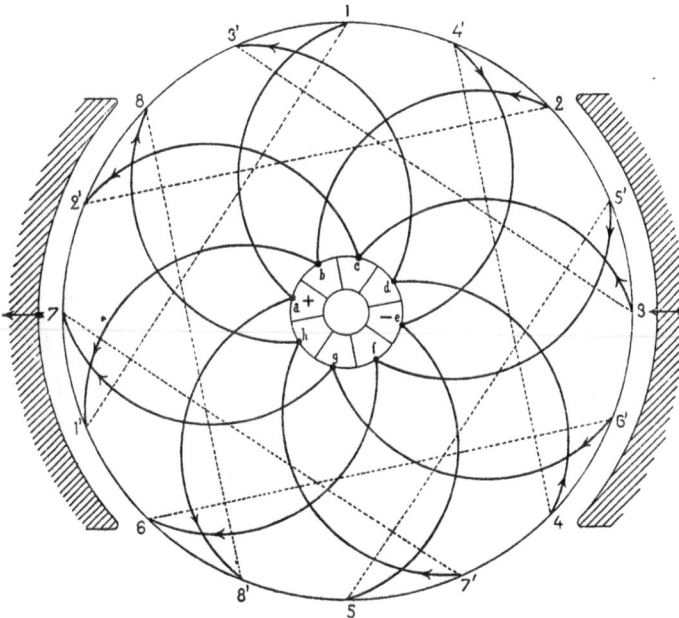

Fig 64.

Das v. Hefner-Alteneck sche Schema hat durch Edison insofern eine geringe Abänderung erfahren, als letzterer die Verbindungen mit dem Kollektor so ausführt, dafs die Bürstenstellungen mit der Verbindungslinie NS der Pole zusammenfallen.

In den Fig. 62 und 63 sind zwei solche Schemas mit entgegengesetzter Schaltungsrichtung entworfen.

Die Abänderung liegt darin, dafs der Kollektor samt den Verbindungen im Vergleiche zu den vorhergehenden Figuren um den Winkel $m_1 OS$ (Fig. 61) in der Schaltungsrichtung verdreht ist. Die Lage der negativen Bürste wird dadurch unabhängig von der Schaltungsrichtung und vertauscht nur mit der Änderung der Umlaufsrichtung der Trommel ihre Stellung mit der positiven Bürste.

Es wurde gezeigt, daß bei den Trommelwicklungen von v. Hefner-Alteneck und Edison stets zwei benachbarte Spulen gleichzeitig kurz geschlossen werden. Für die Herstellung einer guten Isolation, namentlich bei hohen Stromspannungen fand

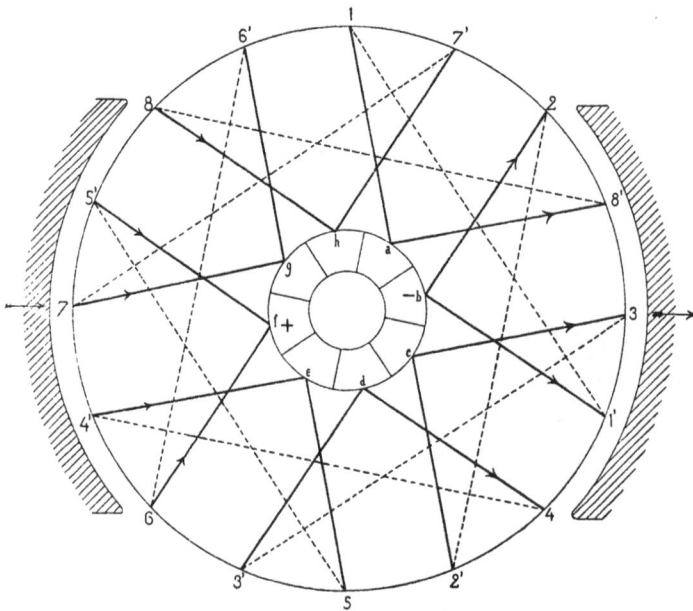

Fig. 65.

Bréguet es vorteilhafter, die Wicklung so auszuführen, daß niemals nebeneinanderliegende Spulen zum Kurzschlusse gelangen. In **Fig. 64** und **65** sind zwei solche Wicklungen für je 8 Spulen aufgezeichnet.

Der Unterschied im Vergleich zu den vorhergehenden Schemas liegt darin, daß die zweite Erzeugende 1' der Spule 1—1' nicht mehr unmittelbar rechts oder links von 5, sondern in Fig. 64 links von 6 und in Fig. 65 rechts von 4 liegt. Die gleichzeitig zum Kurzschlusse gelangenden Spulen z. B. 1—1' und 5—5' oder

3—3' und 7—7' sind nun durch je zwei Wicklungsfelder von einander getrennt.

Für die bis jetzt besprochenen Trommelwicklungen wurde stets eine gerade Spulenzahl angenommen und außerdem an der Bedingung festgehalten, daß die Wicklungsräume aller Spulen am Ankerumfange nebeneinander liegen sollen. Es stellte sich dabei die Notwendigkeit heraus, die Ankerwindungen auf der Stirnfläche längs einer Sehne zu führen.

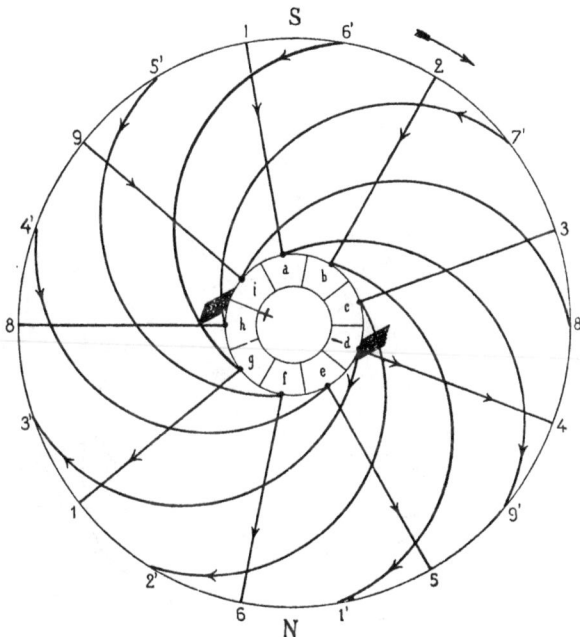

Fig. 66.

Die Spulen können längs eines Durchmessers gewickelt werden durch Anwendung

　　1. einer ungeraden Spulenzahl,
　　2. übereinander liegender Wicklungsräume bei gerader Spulen-
　　　　zahl.

Fig. 66 gibt ein Schema für ungerade Spulenzahl, und zwar für $s = 9$. Während in der gezeichneten Stellung die negative Bürste das Kollektorsegment d in der Mitte berührt, liegt die

positive Bürste an zwei Kollektorsegmenten h und i gleichzeitig
auf und die Spule 8 8' ist kurz geschlossen. Es werden also nie
zwei Spulen gleichzeitig kurz geschlossen, daher, ebenso wie bei
der Wicklung von Bréguet, auch nie benachbarte Spulen. Der
Ankerstrom teilt sich in den übrigen 8 Spulen nach den zwei
Richtungen

$$d\ 4\ 4'\ e\ 5\ 5'\ f\ 6\ 6'\ g\ 7\ 7'\ h$$
$$d\ 3'\ 3\ c\ 2'\ 2\ b\ 1'\ 1\ a\ 9'\ 9\ i,$$

die gleiche Drahtlängen besitzen.

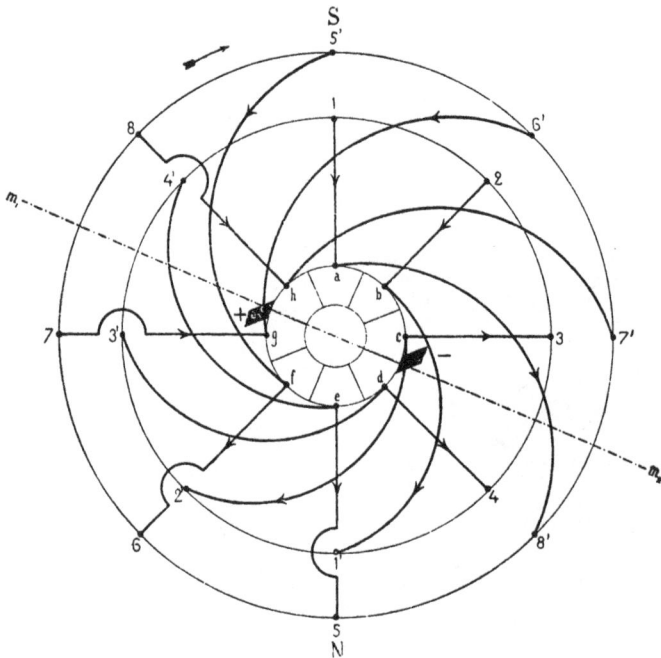

Fig. 67.

Nicht immer ist genügend Raum vorhanden, alle Spulen am
Ankerumfange nebeneinander aufzuwickeln, in diesem Falle ist
man gezwungen, die Wicklungsräume zweier benachbarten Spulen
übereinander anzuordnen. Für das v. Hefner-Alteneckkesche Schema
mit rechtsgängiger Schaltungsrichtung ist diese Wicklungsart in
Fig. 67 und für das Edisonsche Schema mit linksgängiger Wicklung in **Fig. 68** dargestellt.

In jedem dieser Schemas ist die Spulenzahl = 8 und gleich der Zahl der Wicklungsfelder. Indem man zunächst die 4 Spulen in der Aufeinanderfolge *a* 11' *b* 22' *c* 33' *d* 44' *e* herstellt, sind auch alle 8 Wicklungsfelder und 4 Kollektorsegmente *a b c d* besetzt; um auch die übrigen 4 Segmente *efgh* zu besetzen, wickelt man die übrigen 4 Spulen über die bereits vorhandenen hinweg, also 5—5' über 1—1', 6—6' über 2—2', 7—7' über 3—3', 8—8' über 4—4' und gelangt von 8' aus wieder zum Ausgangspunkte zurück. Die

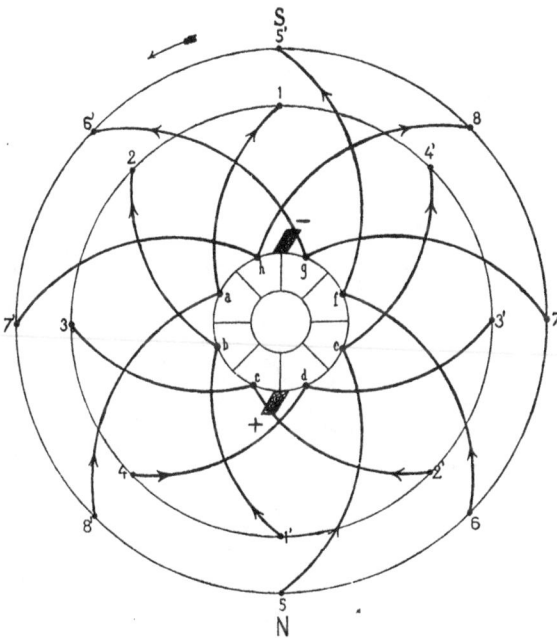

Fig. 68.

Spulen 3—3' und 7—7', welche auf dem zu *N S* senkrechten Durchmesser, also in der neutralen Zone liegen, müssen durch die Bürsten kurz geschlossen sein, wodurch sich die Lage derselben sofort ergibt. Die Verbindung der Spulen und die Lage der Bürste folgen den früher angegebenen Regeln.

Obwohl die eben beschriebenen Schemas sehr vielfach zur Anwendung kommen, besitzen dieselben doch den Nachteil (der zwar meistens so geringfügig ist, dafs er kaum in Betracht kommt),

dafs die beiden durch die Bürsten parallel geschalteten Armatur-
hälften in Bezug auf die Induktion einander nicht gleichwertig
sind, wodurch die Funkenbildung am Kollektor vermehrt wird.
Die Gleichwertigkeit erfordert gleiche Drahtlängen resp. gleiche
Widerstände und gleiche mittlere Geschwindigkeit der induzierten
Drähte in beiden Armaturhälften.

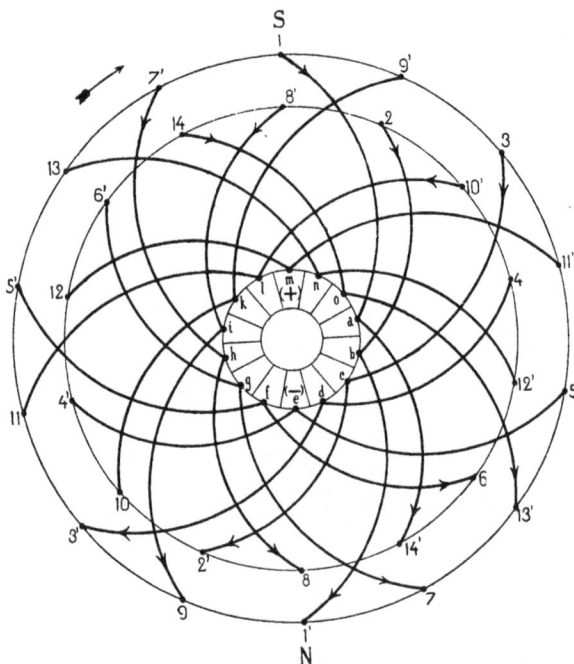

Fig. 69.

In den Schemas mit nebeneinander gewickelten Spulen sind
diese Bedingungen, abgesehen von den bei der praktischen Ausführung an den Stirnflächen verschieden ausfallenden Drahtlängen,
erfüllt; nicht aber bei den Schemas mit paarweise übereinander
gewickelten Spulen. Denken wir uns z. B. in den Fig. 67 und 68
den Anker so weit gedreht, dafs die Kollektorsegmente a und e
mit den Bürsten in Berührung stehen, so besteht die eine Armaturhälfte aus allen innen liegenden Spulen

$$a\ 1\ 1'\ b\ 2\ 2'\ c\ 3\ 3'\ d\ 4\ 4'\ e$$

und die zweite Armaturhälfte aus allen äufseren Spulen

$$a\ 8'\ 8\ h\ 7'\ 7\ g\ 6'\ 6\ f\ 5'\ 5\ e$$

Nur wenn die Bürsten die Kollektorsegmente c und g berühren, gehören jeder Armaturhälfte zwei äufsere und zwei innere Spulen an und dieselben sind in dem Augenblicke in Bezug auf die Induktion gleichwertig.

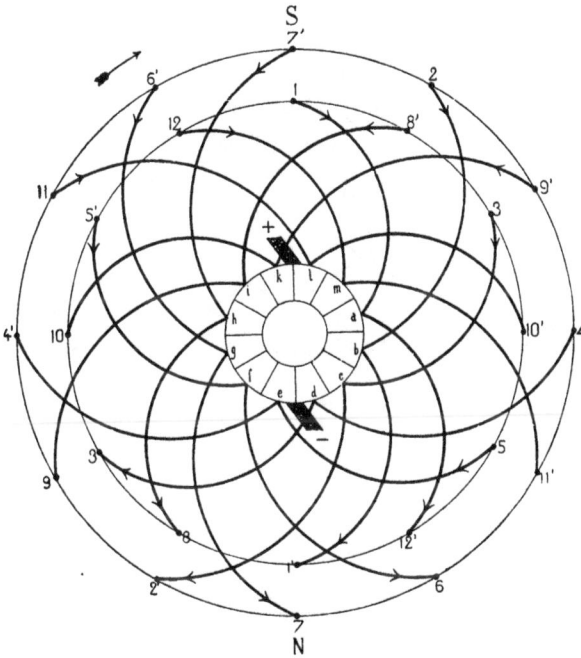

Fig. 70.

Dem Übelstande der Ungleichwertigkeit beider Armaturhälften kann durch entsprechende Verbindung der Spulen untereinander leicht abgeholfen werden. Eine vollkommene Gleichwertigkeit für alle Bürstenlagen wird aber nur erreicht, wenn die halbe Spulenzahl ungerade ist. In **Fig. 69** ist ein derartiges Schema mit 14 Spulen dargestellt. Man verfährt beim Entwerfen desselben in der Weise, dafs man mit der Nummerierung der Wicklungsfelder 1, 2, 3, 4, . . . abwechselnd auf dem äufseren und inneren Kreise vorwärts schreitet und die Verbindungen der Spulen unter-

einander nach der allgemeinen Schaltungsformel ausführt; die
im Schema aufeinander folgenden Spulen liegen dann ebenfalls

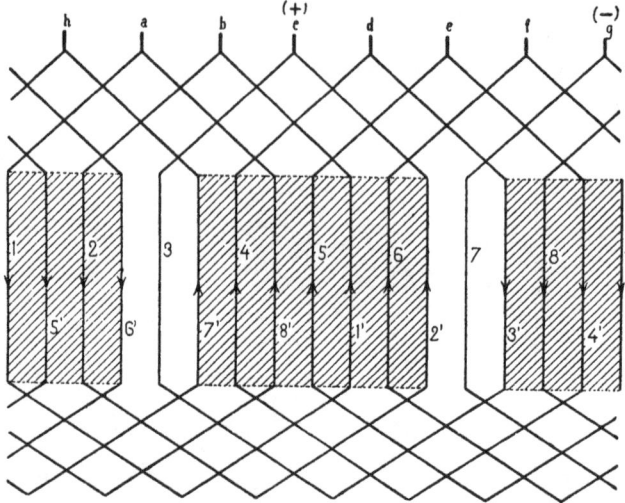

Fig. 71.

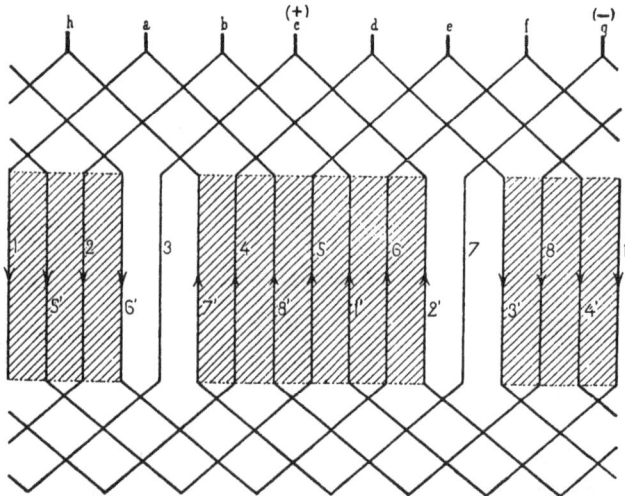

Fig. 72.

abwechselnd auf dem äußeren und inneren Cylinder, und die
beiden Armaturhälften werden gleichwertig.

Ist die halbe Spulenzahl gerade, wie in **Fig. 70**, so tritt im Schema eine Unsymmetrie auf, es folgen nicht immer äußere und innere Spulen abwechselnd aufeinander, sondern an einer Stelle zwei äußere und zwei innere. In Fig. 70 sind $f\,6\,6'\,g\,7\,7'\,h$ und $b\,1'\,1\,a\,12'\,12\,m$ die betreffenden Spulen.

Ein Nachteil dieser von Weston erdachten Variante der Siemensschen Wicklung besteht darin, daß zwischen den Spulen,

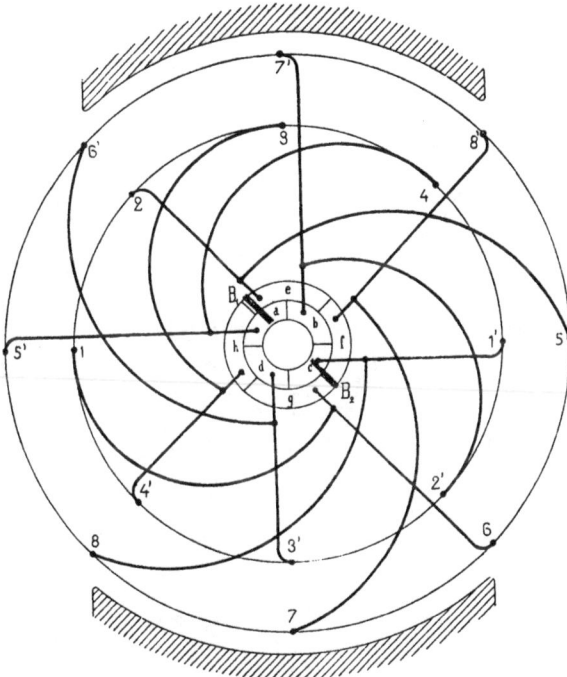

Fig. 73.

welche übereinander liegen, ebenso große Spannungsdifferenzen auftreten, als zwischen den nebeneinanderliegenden Spulen im Siemensschen Schema. Die Anwendung starker Isolationsschichten, welche bei hohen Spannungen erforderlich sind, vergrößert bei der Westonschen Wicklung die radiale Höhe des Wicklungsraumes und daher die Entfernung des Armaturkernes von den Polflächen.

Zur Veranschaulichung der Trommelankerwicklung ist die Darstellungsmethode von W. Fritsche besonders geeignet. Rollen wir für eines der gegebenen Schemas mit 8 Spulen oder 16 Stäben nach dieser Methode den Mantel der Trommel ab und breiten denselben in die Papierebene aus, so erhalten wir die **Fig. 71 oder 72.**

Die Lage der Pole ist durch Schraffur markiert und die über die Stirnflächen als Sehnen gezogenen Verbindungsdrähte, welche gleichzeitig die Verbindung mit dem Kollektor herstellen, sind als gebrochene Linien dargestellt. Die Lage der Stromabnahme-

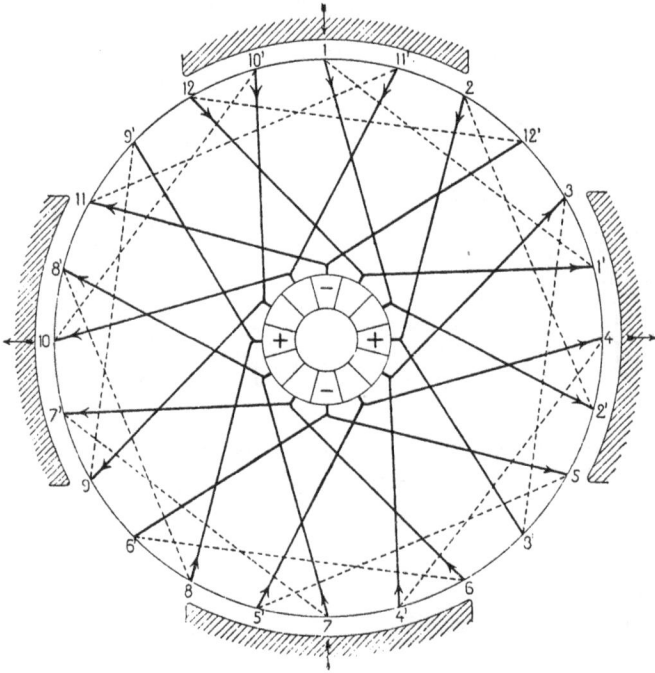

Fig. 74.

stellen läfst sich auch in diesem Schema durch Verfolgen der Stromrichtung feststellen. Die Verbindungsdrähte sind so gelegt, dafs in Fig. 71 eine Schleifenwicklung und in Fig. 72 eine Wellenwicklung entsteht.

Diese Darstellungsmethode führte W. Fritsche zu einer andern Art der Trommelwicklung. Denken wir uns nämlich das Schema Fig. 71 oder 72 in unveränderter Form auf einem Cylindermantel aufgewickelt, so bleiben die Stirnflächen des Cylinders nunmehr von Verbindungsdrähten frei; die ganze Bewicklung läfst sich somit lediglich auf dem Mantel der Trommel ausführen.

Eine eigentümliche Anwendung des v. Hefner-Alteneckschen Schemas zeigt der Anker des Elektromotors von Immisch.[1]) In **Fig. 73** ist diese Bewicklung dargestellt.

Es sind zwei Kollektore vorhanden, von denen jeder $\frac{s}{2}$ Lamellen besitzt. Dieselben sind um die Breite einer halben Lamelle gegeneinander verstellt, so dafs die Mitte eines Segmentes des

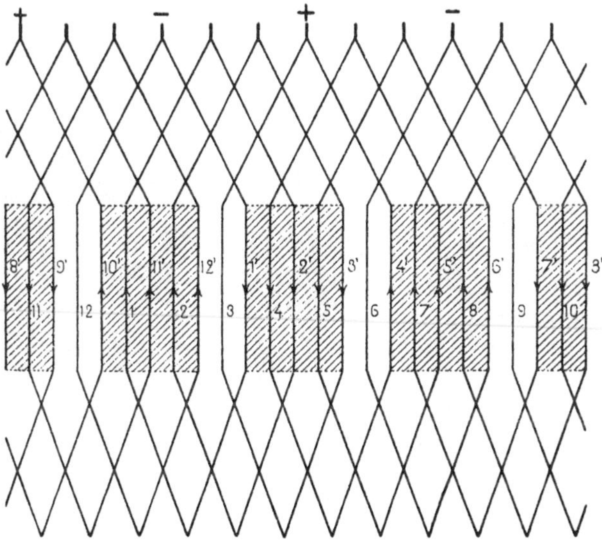

Fig. 75.

einen Kollektors mit dem Zwischenraum von zwei Segmenten des andern Kollektors zusammenfällt. Jede Bürste besteht ebenfalls aus zwei Teilen, die miteinander verbunden sind und auf den beiden Kollektoren schleifen. In Fig. 73 sind, um die Verbindungen besser andeuten zu können, die beiden Kollektore als konzentrische Ringe dargestellt. Der Strom kreist ebenso wie in einer v. Hefner-Alteneckschen Trommel und beide Wicklungen

---

[1]) La Lum. électr. 1887, Bd. 24, p. 261. Elektrotechn. Zeitschr. 1887, S. 531.

wären identisch, wenn die Segmente des einen Kollektors zwischen die Segmente des andern geschoben würden, z. B. c zwischen a und b. — Der doppelte Kollektor leistet dasselbe wie ein gewöhnlicher, nur bleiben die Spulen längere Zeit kurz geschlossen als es sonst geschieht.

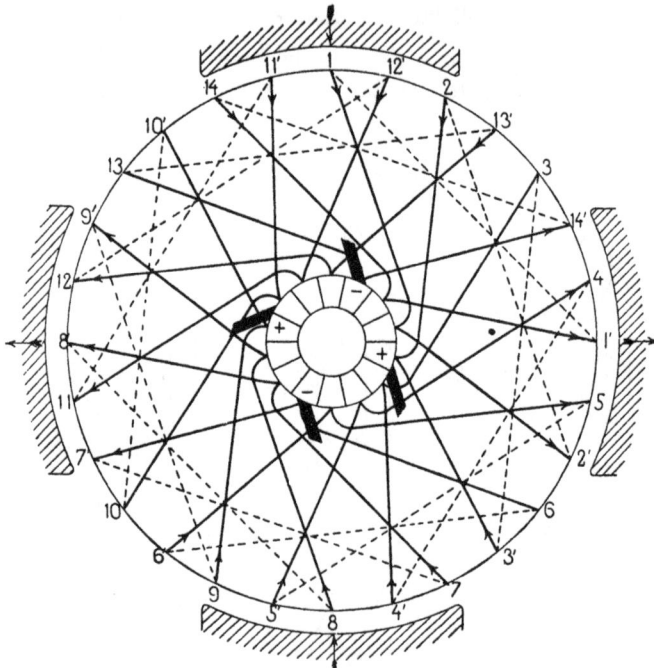

Fig. 76.

2. Mehrpolige Trommelanker mit Parallelschaltung.

Um die Schaltung eines mehrpoligen Trommelankers zu entwerfen, verfahren wir ebenso wie früher in der Weise, daſs wir den Trommelumfang in die gewünschte Anzahl Wicklungsfelder einteilen und die Spulenanfänge mit den Ziffern 1, 2, 3 u. s. f., die Spulenenden mit den Ziffern 1', 2', 3' u. s. f. bezeichnen und alsdann die allgemeine Schaltungsregel anwenden.

Sollen die parallel geschalteten Armaturzweige gleiche Drahtlänge besitzen, so muſs die Spulenzahl ein Vielfaches der halben

Polzahl $\left(\dfrac{n}{2}\right)$ sein. Ist somit $\dfrac{n}{2}$ gerade, so muſs auch die Spulenzahl gerade sein, ist dagegen $\dfrac{n}{2}$ ungerade, so kann die Spulenzahl
gerade oder ungerade gewählt werden. Ist die Spulenzahl auch
ein Vielfaches von n, dann werden von den n-Bürsten gleichzeitig

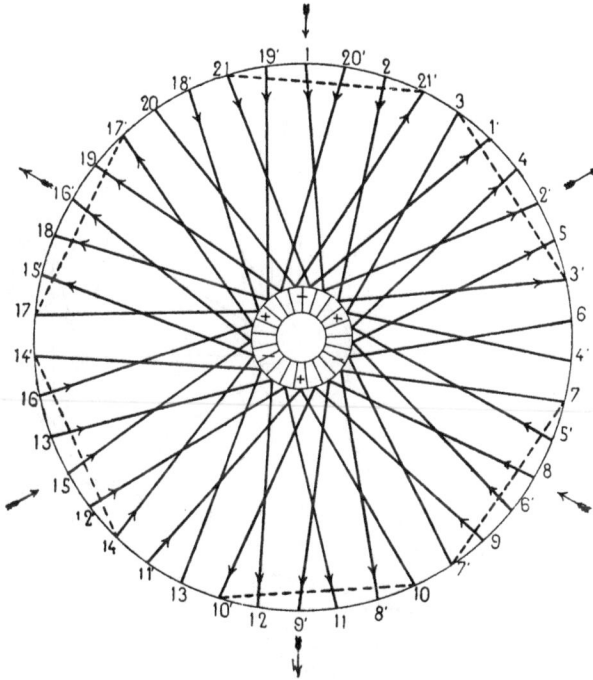

Fig. 77.

n-Spulen kurz geschlossen, ist dagegen s nur ein Vielfaches von
$\dfrac{n}{2}$, so treten gleichzeitig nur $\dfrac{n}{2}$ Spulen in Kurzschluſs, obwohl
wegen der Breite der Bürsten, zu derselben Zeit n-Spulen kurz
geschlossen sind.

    Zur Veranschaulichung des eben Gesagten dient zunächst
Fig. 74. In derselben ist

$$n = 4;\ z = 2s = 24,$$

5 *

in der allgemeinen Formel

$$y = \frac{2}{n}\left(\frac{z}{b} \pm a\right)$$

setzen wir, um Parallelschaltung zu erhalten, $a = 1$, $n = 2$ und

$$y = \frac{z}{b} - 1 = s - 1 = 11.$$

Es ist somit $1'$ mit $1 + 11 = 12$ und einem Kollektorsegmente

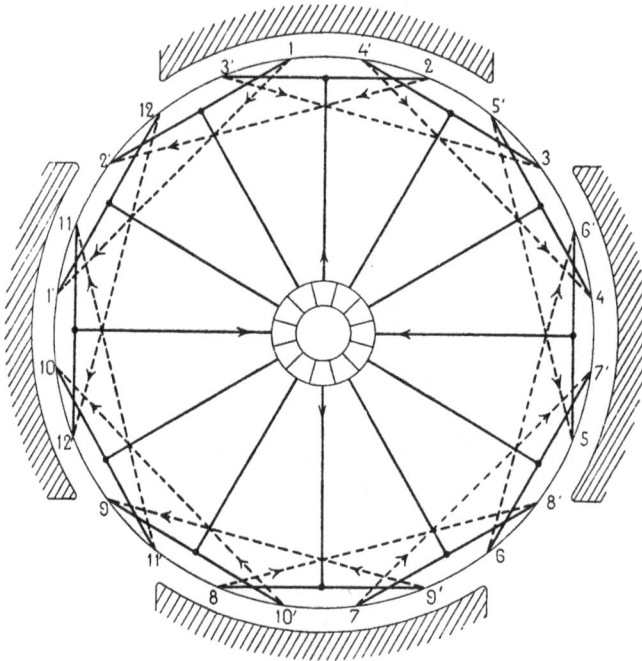

Fig. 78.

zu verbinden u. s. f. Würden wir umgekehrt 1 mit 12' verbinden, so ergibt sich ebenfalls ein richtiges Schema, nur vertauschen die negativen Bürsten ihre Stellung mit den positiven. — In Fig. 74 gelangen je 4 Spulen z. B. 33', 66', 99' und 12,12' gleichzeitig zum Kurzschlufs. **Fig. 75** entspricht dem in die Papierebene ab-gerollten Schema der vierpoligen Schleifenschaltung.

Ist die Lage der einen Erzeugenden der Spulen z. B. 1 an-genommen, so kommen für die Lage der zweiten Erzeugenden $1'$

dieselben Gesichtspunkte zur Geltung wie bei den zweipoligen
Ankern. In Fig. 74 kann 1′ sowohl rechts als links von 4 liegen,
oder wir können nach Bréguet zwischen 4 und 1′ noch zwei
Wicklungsfelder einschalten. Ebenso darf man die Drähte 1′ über
3 oder 4 hinwegwickeln.

Ähnlich der ungeraden Spulenzahl zweipoliger Maschinen
verhält sich eine Spulenzahl, die ein Vielfaches von $\frac{n}{2}$, aber nicht

von n, es gelangen dann nur $\frac{n}{2}$ Spulen gleichzeitig zum Kurz-

schlufs, wie aus Fig. 76 zu ersehen ist.

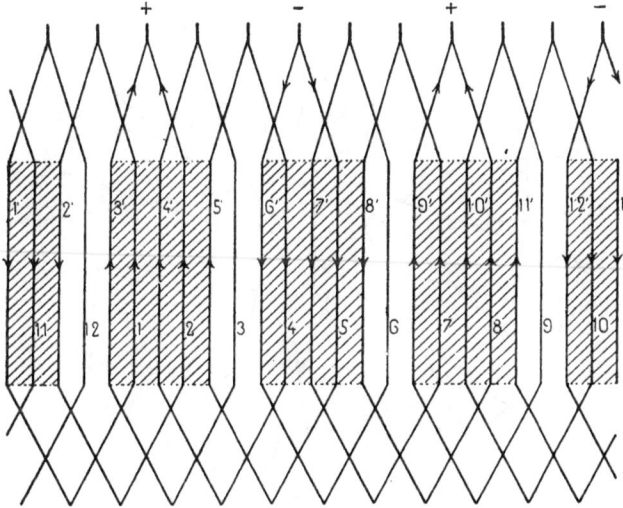

Fig. 79.

Sind die Spulen nebeneinander gewickelt, so kann ferner jede
Spule so gelegt werden, dafs die Erzeugenden derselben vollkommen symmetrisch in Bezug auf die magnetischen Felder liegen,

d. h. jede Spule umspannt der $\frac{1}{n}$ Teil des Trommelumfangs; es

kann jedoch dieser umspannte Winkel auch gröfser oder besser
kleiner gewählt werden. Je kleiner der Winkel, um so weniger
kreuzen sich die Spulen, aber auch um so kleiner wird die von
den letzteren umspannte Fläche.

Aus **Fig.** 77 mit $n = 6$ und der ungeraden Spulenzahl $s = 21$, $y = s - 1 = 20$ ist das zu ersehen.

Bei der angenommenen Lage sind in Fig. 76 die Spulen 10—10' und 3—3' und in Fig. 77 die Spulen 7—7', 14—14', 21—21' kurz geschlossen und die Spulen 13—13' und 6—6' (Fig. 76) bezüglich 3—3', 10—10', 17—17' (Fig. 77) gelangen bei Rechtsdrehung des Ankers alsbald in dieselbe Lage.

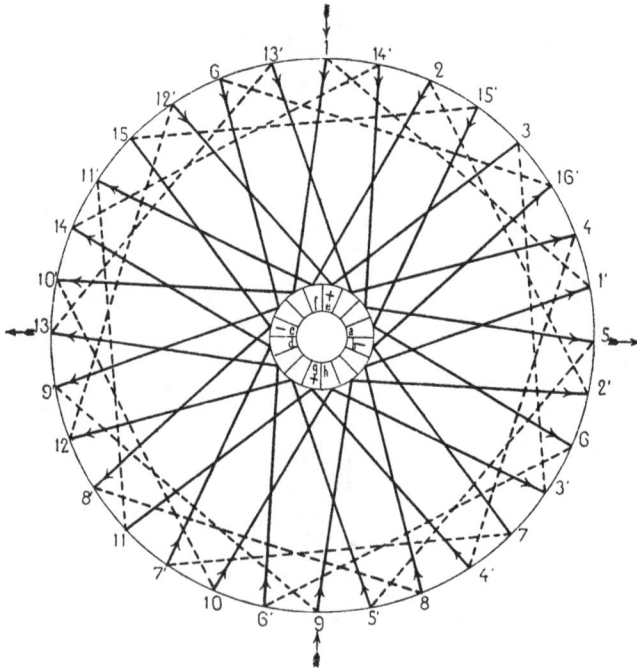

Fig. 80.

In den Fig. 74 und 76 zählt man die Wicklungsfelder, welche zwischen den Erzeugenden zweier Spulen, z. B. 1 und 1' liegen, in der Richtung der Nummerierung; 1' liegt rechts von 1. Legen wir 1' um ebensoviel Wicklungsfelder links von 1 und behalten die rechtsläufige Nummerierung bei, so erhalten wir ein Schema, welches von Thury für mehrpolige Trommelwicklungen gebraucht wird.

In dem Schema von Thury, durch **Fig.** 78 und 79 veranschaulicht, treten Drähte von bedeutend verschiedenem Potential nicht so oft miteinander in Berührung, als bei den vorhergehenden Trommelwicklungen. Ein Vergleich der Fig. 79 mit Fig. 75 läfst das deutlich erkennen.

Eine andere Art der Parallelschaltung (Wellenwicklung) geht aus der allgemeinen Formel

$$y = \frac{2}{n}\left(\frac{z}{b} \pm a\right)$$

hervor, wenn der Wert $a = \frac{n}{2}$ eingeführt wird.

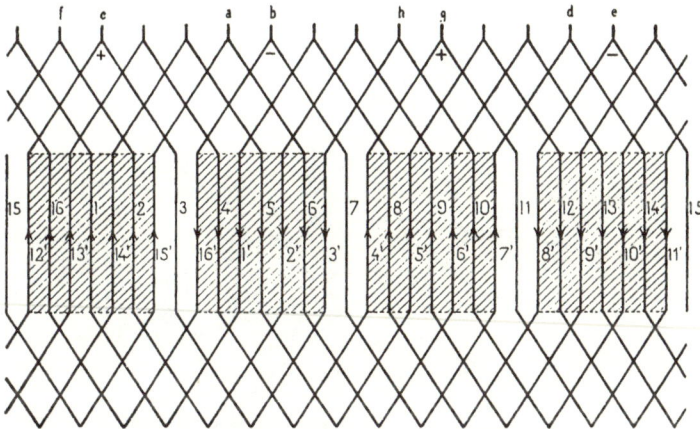

Fig. 81.

Mit den Annahmen

$$n = 4, \; z = 2, \; s = 32, \; y = \frac{1}{2}\left(\frac{32}{2} - 2\right) = 7$$

ist in Fig. 80 ein Schema entworfen.

Sämtliche Spulen erscheinen zu einer einzigen in sich geschlossenen Windung verbunden. Eigentümlich ist dieser Schaltung, dafs die Spulen vermittelst zweier Bürsten, entweder den beiden negativen oder den beiden positiven, kurz geschlossen werden. Berühren z. B. zwei Bürsten die Segmente $a\,b$ und $c\,d$, so sind 15—15' und 7—7' und wenn $e\,f$ und $g\,h$, so sind 11—11' und 3—3' kurz geschlossen, vorausgesetzt, dafs die gleichnamigen Bürsten oder die entsprechenden Segmente (Mordeyschaltung) leitend miteinander verbunden sind. Ein Vergleich des abgerollten Schemas Fig. 81 mit Fig. 41 zeigt uns, dafs beide Schaltungen gleichartig sind.

Haben y und s einen gemeinschaftlichen Faktor, so ergibt die erwähnte Wicklungsmethode nicht mehr eine einzige, sondern mehrere in sich geschlossene Windungen. Für

$$n = 4, \quad s = 14, \quad y = 2\,\frac{s-2}{n} = 6$$

würden wir z. B. zwei ineinander verschlungene Wicklungen, von

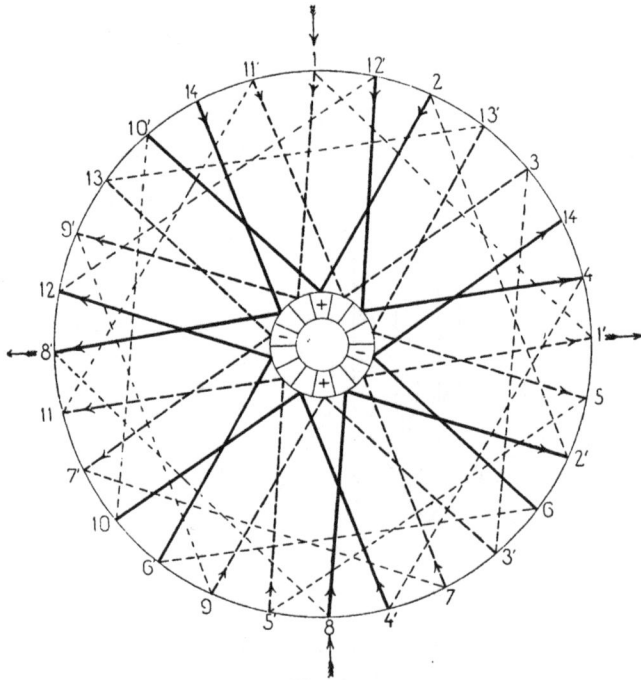

Fig. 82.

denen jede eine Reihenschaltung mit zwei Bürsten darstellt, erhalten.

In Fig. 82 ist die eine Wicklung mit vollen, die andere mit punktierten Linien angedeutet.

Die Spulen 13—13' und 6—6' sind kurz geschlossen.

Die Herstellung mehrpoliger Wicklungen mit Parallelschaltung erfordert grofse Sorgfalt, sowohl hinsichtlich der symmetrischen Anordnung der Drahtwindungen, als der Intensität der magnetischen Felder. Die Ungleichheit der letzteren wird durch die Schaltungen

Fig. 80 und 82, bei denen die zwischen zwei Bürsten liegenden Spulen in allen magnetischen Feldern verteilt liegen, ausgeglichen.

Liegen die Windungen benachbarter Spulen übereinander, wie in dem folgenden Schema **Fig. 83** angenommen, so kann eine symmetrische Anordnung derselben erreicht werden, indem man abwechselnd innere und äußere Spulen aneinander schließt. (Vgl. Fig. 69.)

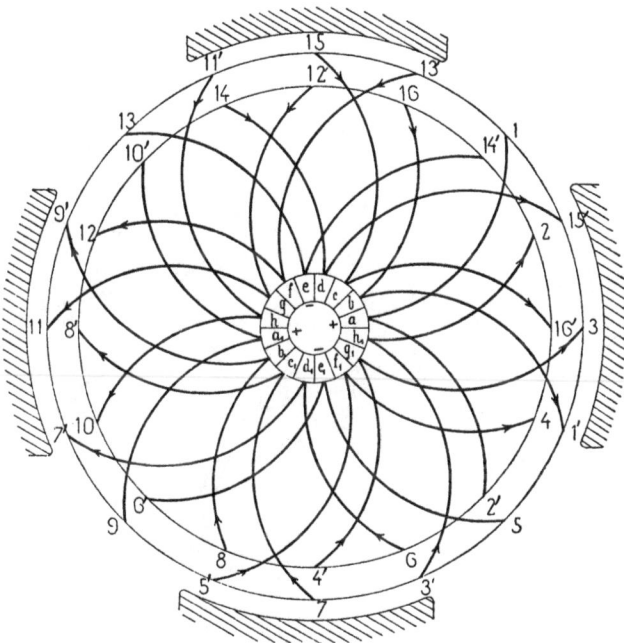

Fig. 83.

In der gezeichneten Stellung sind die vier Armaturzweige folgende:

$$e, 14', 14, d, 15', 15, c, 16', 16, b, 1', 1, a$$
$$e, 13, 13', f, 12, 12', g, 11, 11', h, 10, 10', a$$
$$e_1, 6', 6, d_1, 7', 7, c_1, 8', 8, b_1, 9', 9, a_1$$
$$e_1, 5, 5', f_1, 4, 4', g_1, 3, 3', h_1, 2, 2', a.$$

Jedem derselben gehören zwei innen- und zwei außenliegende Spulen an.

Die Schaltung von Mordey, wie dieselbe in den Fig. 36 und 37 für Ringanker angegeben wurde, läfst sich in derselben Weise für Trommelanker ausführen. Eine vierpolige Trommelwicklung von Alioth & Co., bei welcher die gegenüberliegenden Kollektorsegmente leitend verbunden sind, ist in **Fig. 84** dargestellt.

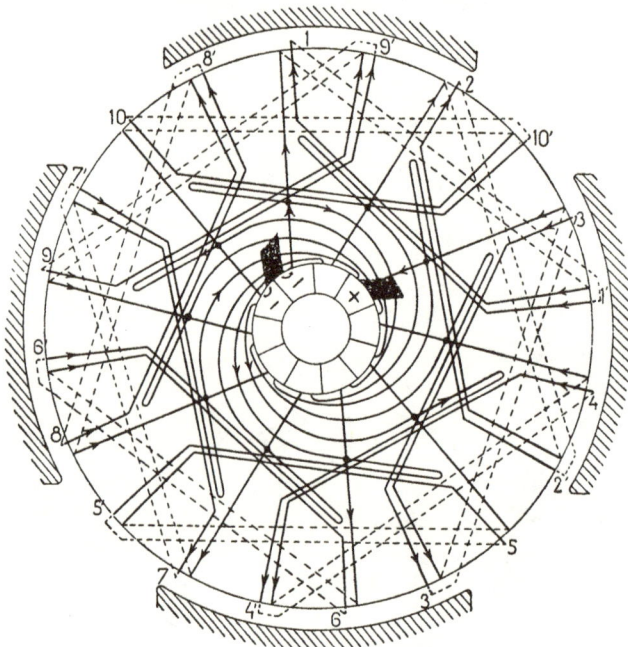

Fig. 84.

Von den 10 vorhandenen Spulen befinden sich 10 und 5 in der neutralen Lage und sind kurz geschlossen.

3. Mehrpolige Trommelanker mit Reihenschaltung.

Ein wesentlicher Unterschied zwischen der Reihenschaltung der Ring- und der Trommelanker ist nicht vorhanden, es mag daher an dieser Stelle einfach auf das dort (S. 33) Gesagte verwiesen werden.

Unter Beachtung, daſs $b = 2$ und $z = 2s$, folgt aus der allgemeinen Formel, daſs für Reihenschaltung die Spulenzahl allgemein

$$s = y \cdot \frac{n}{2} \pm 1$$

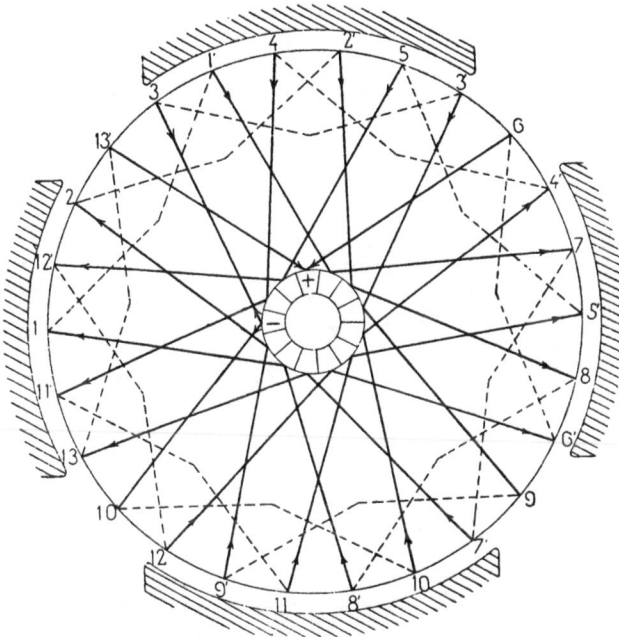

Fig. 85.

und die Zahl der von jeder Bürste gleichzeitig kurz geschlossenen Spulen

$$= \frac{s \cdot n}{2 \cdot c}$$

wenn c die Anzahl der Kollektorsegmente bedeutet.

Unter Annahme von $n = 4$, $y = 6$, $s = 13$ geben die **Figuren 85** und 86 ein Schema, welches den geforderten Bedingungen entspricht und mit der Wicklung von Andrews-Perry Fig. 40 übereinstimmt.

Dieselbe Schaltungsart lieſse sich lediglich auf dem Umfange der Trommel ausführen, wie das in die Papierebene abgerollte

Schema, Fig. 86, beweist. Um in diesem Falle die wirksame Drahtlänge zu vergröfsern, würden die Pole zweckmäfsig die durch Schraffur angedeutete länglich sechseckige Form erhalten.

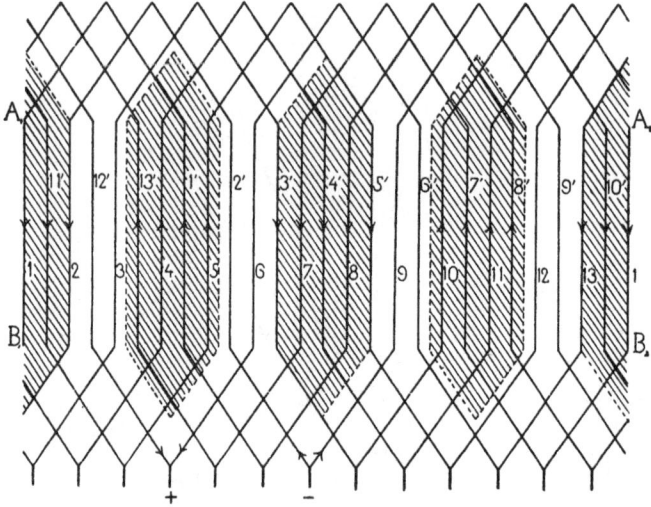

Fig. 86.

Noch einfacher gestaltet sich nach W. Fritsche[1]) die Herstellung dieser Wicklung, wenn in Fig. 86 das Rechteck $A_1 A_2 B_2 B_1$

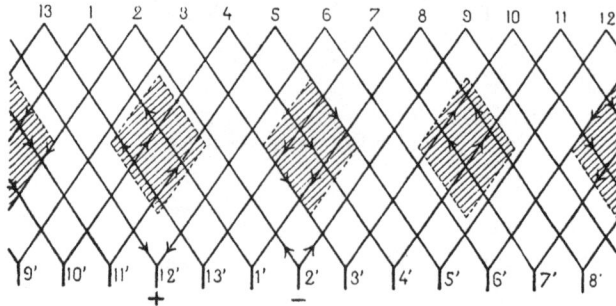

Fig. 86 a.

ausgeschnitten und die übrig bleibenden Teile der Figur zusammengeschoben werden, es entsteht dann das Schema Fig. 86 a.

---

¹) D. R. P. Nr. 45 808.

Die einzelnen Stäbe oder Drähte laufen nun ohne Kröpfung von einem Ende bis zum andern durch und erhalten bei vielpoligen Maschinen auf der Trommel nur eine schwache Krümmung.

Dieselben Änderungen können auch mit dem Schema für Parallelschaltung, Fig. 81, vorgenommen werden.

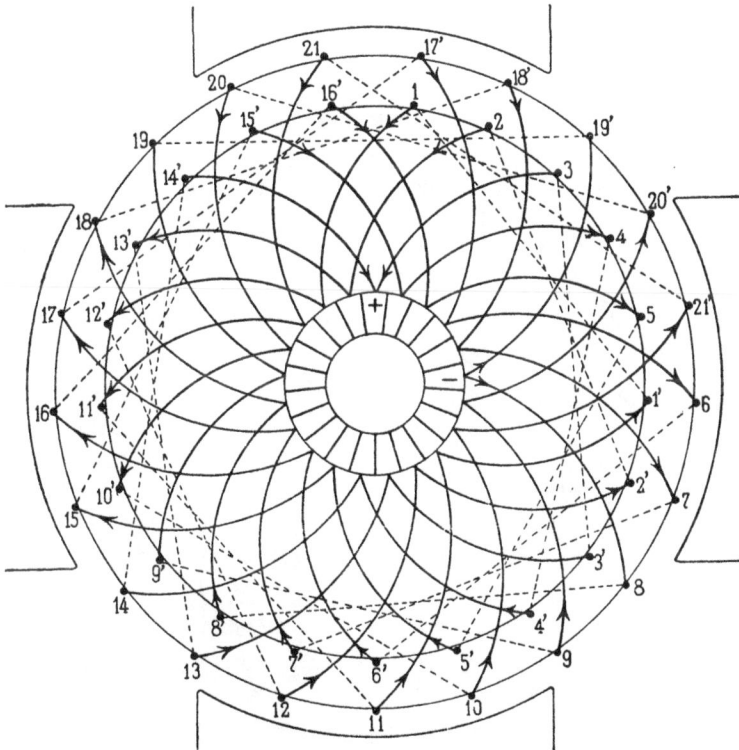

Fig. 87.

Besonders wertvoll erweist sich die Anwendung der Schaltungs-regel bei übereinanderliegenden Wicklungsfeldern. Es sei z. B. $n = 4$, $s = y \cdot \dfrac{n}{2} + 1 = 10 \cdot 2 + 1 = 21$, $y = 10$ und es sollen die Drähte von zwei verschiedenen Spulen am Ankerumfange über-einander gewickelt werden.

In **Fig. 87** sind die Spulen in ihrer natürlichen Reihenfolge $1 - 1'$, $2 - 2'$, $3 - 3'$, $4 - 4'$ u. s. f. fertiggestellt und nach Angabe der Schaltungsregel miteinander verbunden, also $1'$ mit $1 + 10 = 11$, $2'$ mit 12 u. s. f.

Die Lage der Spulen und deren Verbindungen sind stark unsymmetrisch und würde es daher ohne Schaltungsregel schwer fallen, die Spulen in richtiger Weise zu verbinden. Die Spulen

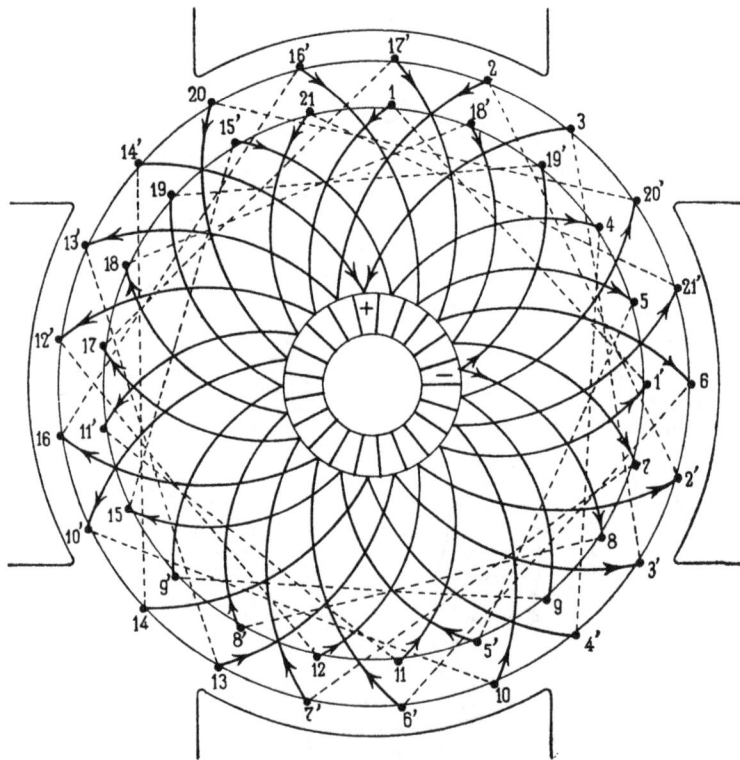

Fig. 87 a.

$1 - 1'$ bis $5 - 5'$ liegen auf dem inneren, die Spulen $6 - 6'$ bis $16 - 16'$ auf dem inneren und äußeren Umfange der Trommel. —

Ein besseres Aussehen der fertiggestellten Wicklung wird erreicht, wenn man die Spulen in einer solchen Reihenfolge fertigstellt, daß dieselben möglichst gleichmäßig auf dem Ankerumfange sich verteilen. In **Fig. 87 a** ist z. B. folgende Reihenfolge eingehalten:

$1 - 1'$, $5 - 5'$, $11 - 11'$, $15 - 15'$, $18 - 18'$, $8 - 8'$, $9 - 9'$, $19 - 19'$, $17 - 17'$, $4 - 4'$, $12 - 12'$, $7 - 7'$, $2 - 2'$, $21 - 21'$, $10 - 10'$, $20 - 20'$, $16 - 16'$, $6 - 6'$, $13 - 13'$, $3 - 3'$.

Wie wir schon bei Ringankern gesehen, liegen bei gerader Spulenzahl die Bürsten unter 180°. In **Fig. 88** ist für

$$n = 6, \quad y = 5, \quad s = 5 \cdot \frac{n}{2} + 1 = 16$$

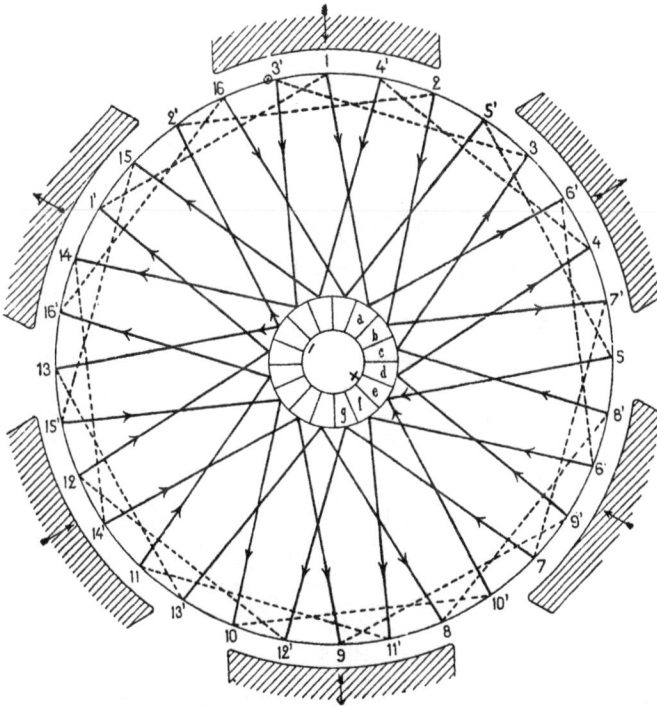

Fig. 88.

ein solches Schema aufgezeichnet. Diese Schaltung ist nur dann ausführbar, wenn die halbe Polzahl ungerade ist.

Wollen wir erreichen, daſs ebenso wie bei zweipoligen Maschinen, nur eine Spule von jeder Bürste gleichzeitig kurzgeschlossen wird, so müssen wir die Zahl der Kollektorsegmente $= \frac{n}{2} \cdot s$ machen, und diejenigen, welche um einen Winkel von $\left(\dfrac{2 \cdot 360}{n}\right)$ Grad auseinander liegen, leitend miteinander verbinden.

Ein solches Schema mit 9 Spulen und 18 Kollektorsegmenten für eine vierpolige Maschine vergegenwärtigt **Fig. 89.** Die Verbindungen der einzelnen Kollektorsegmente unter einander sind innerhalb des Kollektors eingezeichnet; dieselben erinnern an die

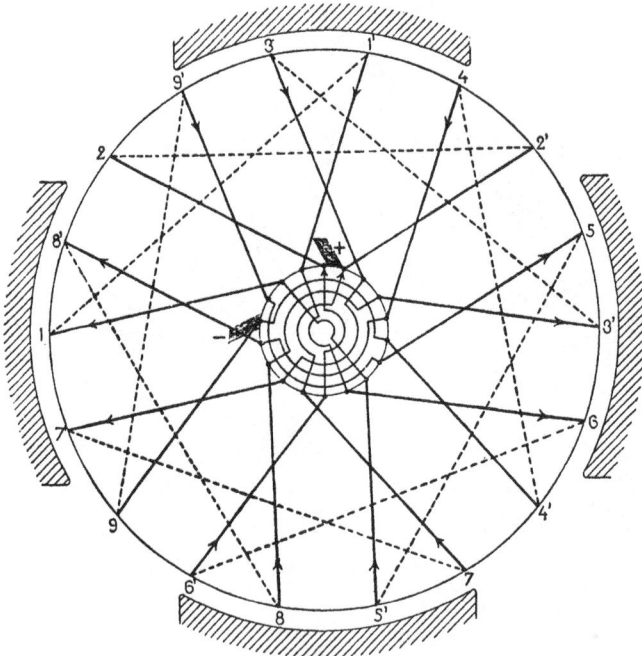

Fig. 89.

Mordeyschaltung. In der angenommenen Lage ist die Spule 2—2′ kurz geschlossen, 9—9′ hat den Kurzschlufs oben verlassen und 4—4′ wird dazu gelangen.

Schliefslich sei noch eine Trommelwicklung von Alioth u. Co. in Basel erwähnt, welche zeigt dafs, wenn $\dfrac{n}{2}$ gerade, auch mit einer geraden Spulenzahl die Reihenschaltung möglich ist. Diese in den nachfolgenden **Figuren 90** bis **91** dargestellte Wicklung steht mit dem Schema Fig. 54 in Übereinstimmung.

Am deutlichsten ist die Alioth'sche Schaltung aus **Fig. 91** ersichtlich. Die voll ausgezogenen Linien bedeuten die Verbindungen auf der vordern Stirnfläche des Ankers und die Verbindungen der Kollektorsegmente.

Das abgewickelte Schema **Fig. 92** ist insofern interessant, als wir es hier mit einem Gemisch von Schleifen und Wellenwicklung zu thun haben.

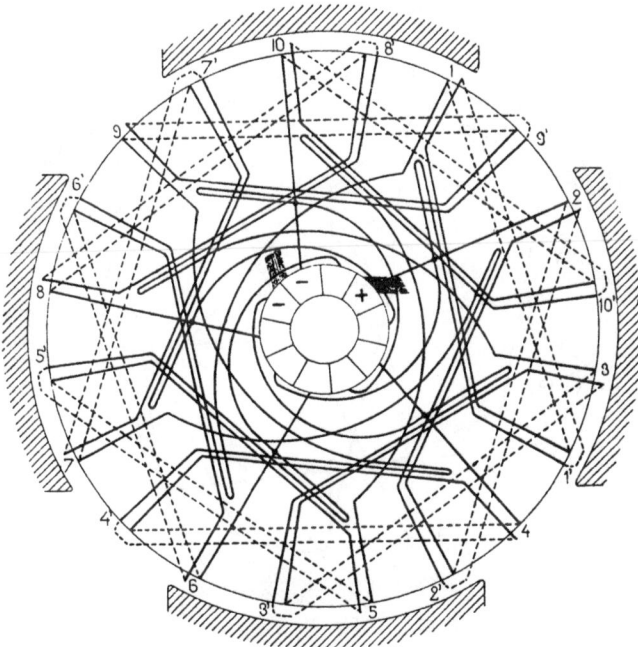

Fig. 90.

Jedes Wicklungselement enthält 4 induzierte Stäbe ($b = 4$) in Fig. 92 ist ein solches durch starke Linien hervorgehoben. Im Ganzen sind fünf Elemente vorhanden, die Zahlen *Ia, IIa, IIIa, IVa, Va* sollen die Anfänge und *Ie IIe IIIe IVe Ve* die Enden derselben bezeichnen. Die Schaltungsregel ergibt

$$y = \frac{2}{4}\left(\frac{20}{4} + 1\right) = 3$$

somit ist *Ie* mit *Ie* + 3 = *IVa* und *IVe* mit *IVe* + 3 = 7 = ⸒ + 2 also mit *IIa* zu verbinden u. s. f.

4. Mehrpolige Anker mit gemischter Schaltung.

Ohne hier neue Beispiele anzuführen, verweise ich auf die für Ringanker entwickelten Schemas (Seite 47), welche leicht zu Trommelankerwicklungen abgeändert werden können.

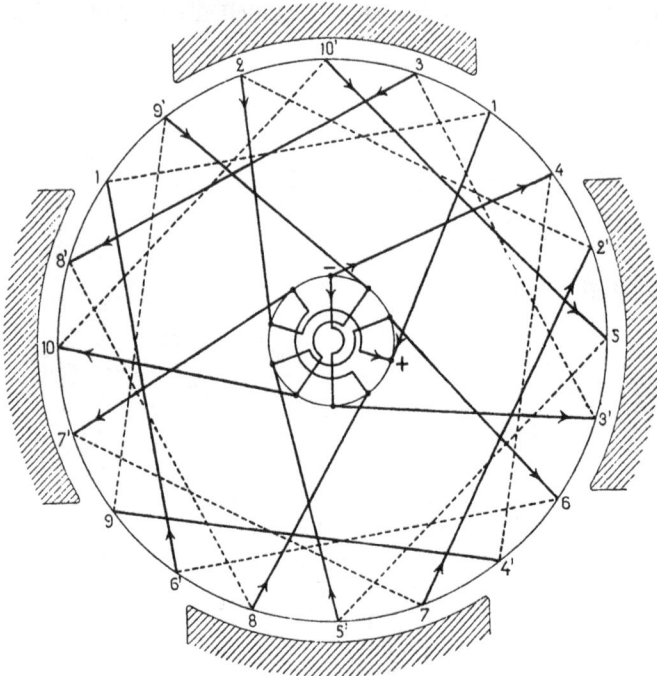

Fig. 91.

Bemerkungen über die Ausführung von Trommelankerwicklungen.

Die praktische Ausführung einer Wicklung weicht namentlich bei den Trommelankern in mancher Hinsicht von den dargestellten Schemas ab. Es wird deshalb gerechtfertigt sein, wenn hier auf einige wesentliche Punkte aufmerksam gemacht wird.

Die Reihenfolge, in welcher die Spulen aufgewickelt werden, kann eine verschiedene sein. In Fig. 93 ist die Stirnansicht eines zweipoligen Ankers von der Kollektorseite aus gesehen dargestellt. Die Spulenzahl ist = 14 und die Zahl der Wicklungsfelder = 28 angenommen; entsprechend den Schemas Fig. 60 und 61 müssen die Spulen auf den Stirnflächen längs einer Sehne geführt werden.

Wir beginnen mit der Wicklung bei *a*, führen den Draht zunächst auf der v o r d e r n Stirnfläche bis *b*, dann auf dem Trommelmantel bis zur hintern Stirnfläche, dort auf die andere Seite der Trommel und nun, rechtwinklig umbiegend wieder nach vorn bis

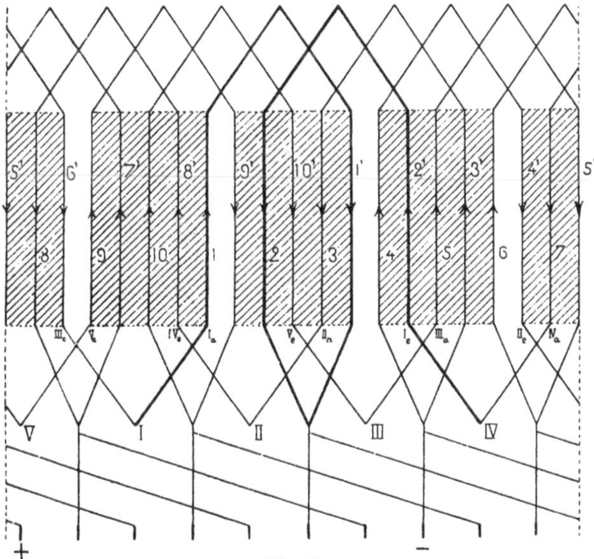

Fig. 92.

c u. s. f. bis die gewünschte Windungszahl erreicht ist. In der Figur besteht jede Spule aus nur zwei Windungen. Ersetzt man einen dicken Draht durch 2, 3, 4, 6 oder mehr dünnere Drähte, so können diese gemeinsam oder gruppenweise aufgewunden werden.

Ist die Spule *A* auf diese Weise hergestellt, so wickeln wir der Reihe nach, je ein Wicklungsfeld überspringend, die Spulen *B, C, D* . . . . . *O*, wenn die letzte Spule *O* fertig gestellt ist, sind sämtliche Wicklungsfelder besetzt und die Vereinigung der frei gebliebenen Drahtenden in der angegebenen Weise liefert die 14 Abzweigungen zum Kollektor.

6*

Ist die Zahl der Wicklungsfelder gleich der Spulenzahl (Fig. 67), so wickeln wir nun von Feld zu Feld fortschreitend in derselben Weise je eine Spule. Nachdem die halbe Spulenzahl beendigt, sind sämtliche Wicklungsfelder besetzt; die zweite Hälfte der Spulen wird nun über die erste hinweggewickelt. Je zwei benachbarte Drahtenden sind mit einem Kollektorsegmente zu verbinden.

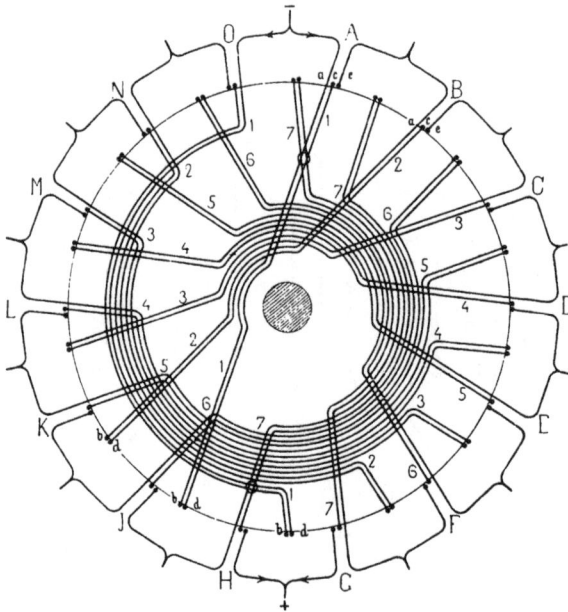

Fig. 93.

Soll die Verbindung mit den Kollektorsegmenten einem der Schemas Fig. 62, 63, 68 und 69 entsprechen, so thut man besser, die beiden Enden a und e in Fig. 93 einer Spule nicht auf die-selbe Seite der Trommel zu führen, sondern mit der Wicklung gleich bei b zu beginnen. Die eine Hälfte der vorstehenden Drahtenden wird dann nach rechts, die andere nach links ab-gebogen und entsprechend den erwähnten Schemas mit dem Kollektor verbunden.

Eine bessere Verteilung der Drahtmassen auf den Stirnflächen des Ankers und ein besseres Aussehen der Wicklung wird erreicht, wenn wir nicht wie in Fig. 93 die Windungen stets auf derselben Seite der Ankerwelle vorbeiführen, sondern wenn wir dieselben auf beide Seiten der Welle verteilen. Ein Nachteil dieser Wicklungsart besteht darin, daſs dieselbe an den Stirnflächen mehr Raum beansprucht. Bei dickdrähtigen Wicklungen macht sich dieser Übelstand besonders bemerkbar, derselbe läſst sich aber durch Anwendung mehrerer dünner Drähte an Stelle eines dicken vermeiden.

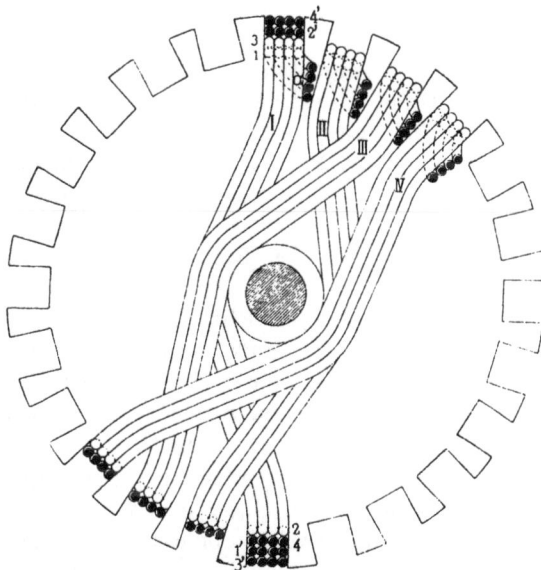

Fig. 93 a.

Um hierzu ein Beispiel zu haben, nehmen wir an, es sollen auf eine Trommel, deren Umfang in 24 Wicklungsfelder geteilt ist, 24 Spulen gewickelt werden. Jede Spule soll aus zwei Windungen von vier Drähten, deren Durchmesser etwa 1,5 mm betragen mag, bestehen. Die Verbindungen mit dem Kollektor sind nach dem Schema Fig. 68 auszuführan.

In Fig. 93 a ist die Lage der vier ersten Spulen angegeben. Dieselben werden in der Reihenfolge I, II, III, IV hergestellt. Man beginnt mit den vier Drähten gleichzeitig in a, wickelt zunächst die Lage 1, führt die Drähte auf der hintern Stirnfläche in das gegenüberliegende Wicklungsfeld nach 2, dann nach der vordern Stirnfläche und längs dieser nach 3, von hier wieder nach der hintern Stirnfläche, nunmehr an der andern Seite der Welle vorbei nach 4 und endlich nach vorn, so daſs die Lage 4 das Ende der Spule bildet. Nachdem 12 Spulen so hergestellt sind, werden die weiteren 12 über die ersten gewickelt.

Eine von diesen Spulen ist in der Figur angedeutet, 1' und 4' sollen die Enden derselben sein. In welcher Weise nach fertig gestellter Wicklung die 24 Spulenenden miteinander zu verbinden sind, kann aus den Fig. 68 und 69 entnommen werden.

Hätte die Aufgabe vorgelegen, jede Spule soll aus zwei Windungen von acht Drähten bestehen und die Spulenzahl sei = 12, so hätten wir die Wicklung in genau derselben Weise ausführen können. In diesem Falle verbinden wir die Enden a und 4', ferner 4 und 1' direkt miteinander und mit demselben Kollektorsegment.

Eine symetrische Lage der Drahtmassen und ein schönes Aussehen der Wicklung wird durch die in **Fig. 94** dargestellte zweipolige Wicklungsmethode erreicht. Die Spulen werden paarweise gewickelt und zwei aufeinander folgende Spulenpaare bilden einen Winkel von 90 oder nahezu 90°. In der Figur ist angenommen, daſs die Enden a und e einer Spule, wie in Fig. 93, auf dieselbe Seite der Trommel gelegt werden.

Wir beginnen mit dem Spulenpaar I, hierbei ist darauf zu achten, daſs die Enden a und e der ersten Spule auf die eine und die Enden a und e der zweiten Spule auf die entgegengesetzte Seite der Trommel zu liegen kommen. Dann folgen die Spulenpaare II, III, IV . . . bis VII. Die Trommelaxe liegt je zwischen den Spulen eines Paares.

Wäre bei ebenfalls 28 Wicklungsfeldern die Spulenzahl = 28, so müſste, nachdem die obigen sieben Paare gewickelt sind, über jedes Paar in derselben Reihenfolge ein zweites gewickelt werden, und zwar so, daſs z. B. die freien Enden des über I gewickelten Paares mit bd, bd zusammenfallen.

Wird dagegen beabsichtigt, ebenfalls 14 Spulen aber aus zwei Wicklungslagen herzustellen, so wickeln wir das erste Paar der zweiten Lage so über I, daſs die freien Enden ae, ae beider Paare zusammenfallen, dieselben werden dann parallel verbunden.

Führen wir schliefslich Ende und Anfang benachbarter Spulen zu je einem Kollektorsegmente, so ergibt sich die richtige Schaltung.

Dicke Drähte ersetzt man auch bei dieser Wicklung besser durch mehrere dünne.

Um zu veranschaulichen, wie die Stromspannung in den Spulen von der negativen bis zur positiven Bürste zunimmt, sind in den Fig. 93 und 94 die Spulen von der negativen Stromabnahmestelle ausgehend von 1 bis 7 numeriert, so dafs die

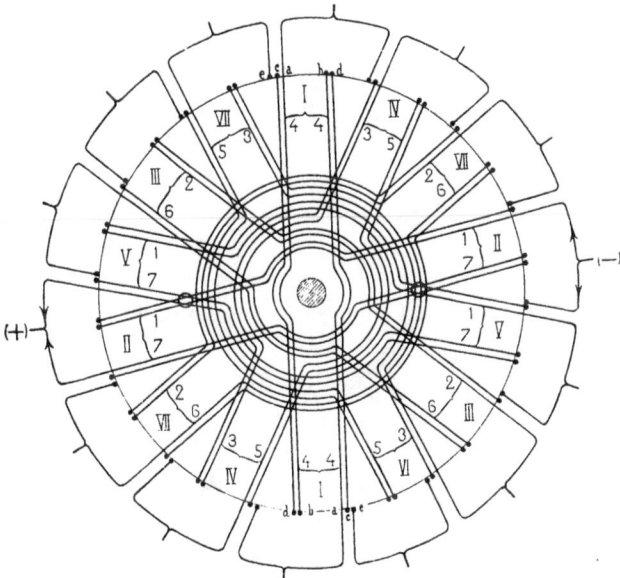

Fig. 94.

Zahlen einen ungefähren Mafsstab für die Höhe der Spannung darstellen. Die Differenz der Zahlenwerte zweier sich berührenden Spulen wird somit der Spannungsdifferenz zwischen denselben ungefähr proportional sein. Je weniger Kreuzungspunkte mit hohen Spannungsdifferenzen eine Wicklung ergibt, um so besser wird dieselbe sein.

Sowohl in Fig. 93 als 94 findet zwischen den Spulen gröfster Spannungsdifferenz, nämlich zwischen 1 und 7 eine Kreuzung statt, ebenso zwischen 7 und 2, 6 und 1, so dafs beide Wicklungen in dieser Hinsicht fast gleichwertig sind. Die genaue Lage der

Wicklungen und die Zahl der Berührungspunkte, läfst sich freilich
nicht von vorn herein feststellen; bei sorgfältiger Arbeit werden
beide Wicklungsarten gute Resultate ergeben. —

Dieselben Betrachtungen die wir oben für zweipolige Wicklungen angestellt haben, lassen sich auf mehrpolige Wicklungen
anwenden. Wir können die Spulen sowohl in der im Schema
aufeinander folgenden Ordnung als auch kreuzweise wickeln.

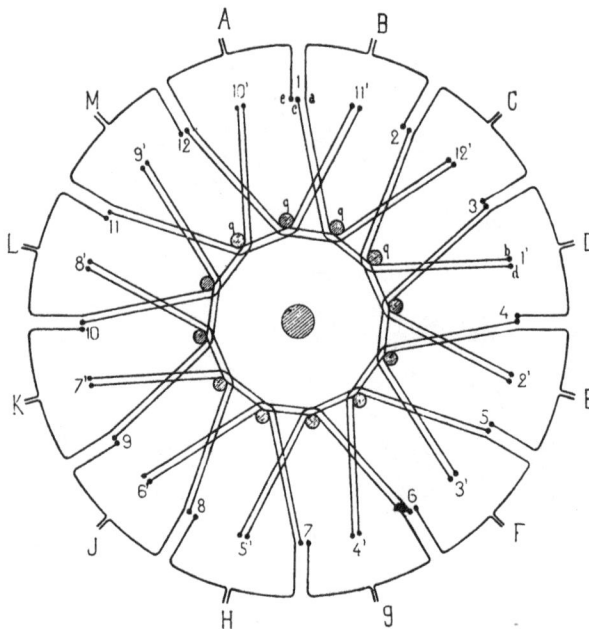

Fig. 95.

Um eine bessere und sichere Lage des Drahtes zu erhalten,
werden eine Anzahl Stifte, die aus isolierendem Material bestehen
oder mit solchem überzogen sind, in die Stirnflächen des Ankers
eingesetzt. Dieselben dienen den Spulen als Stützpunkte. In
Fig. 95 ist eine vierpolige Wicklung für 12 Spulen dargestellt. Die
Reihenfolge, in welcher die Spulen gewickelt sind, ist folgende:
1 — 1', 4 — 4', 7 — 7', 10 — 10', 3 — 3', 6 — 6', 9 — 9', 12 — 12',
2 — 2', 5 — 5', 8 — 8', 11 — 11', es wird auf diese Weise eine
ganz symmetrische Lage der Spulen, eine gute Verteilung und ein

gutes Aussehen der Drahtmassen auf den Stirnflächen des Ankers erzielt. Man beginnt mit der Wicklung bei *a* (*s.* Spule 1 — 1') führt den Draht zunächst auf der v o r d e r n Stirnfläche, zwei Stifte *q, q* erfassend, bis *b*, dann auf dem Trommelumfange nach der hintern Stirnfläche, auf dieser entlang, wiederum durch zwei Stifte gestützt, zum zweiten Wicklungsfelde der Spule, dann auf dem Trommelumfang nach vorn bis *c* und fährt so fort bis die gewünschte Windungszahl erreicht ist. Auf eine richtige Lage der Enden *a* und *e* der verschiedenen Spulen ist besonders zu achten.

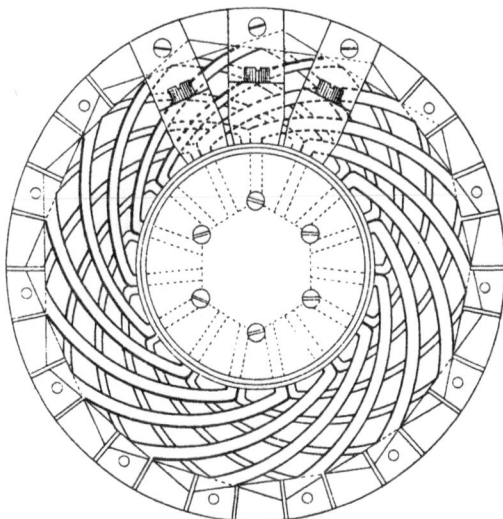

Fig. 96.

Die Verbindung derselben in der in der Figur angegebenen Weise, liefert dann die Abzweigungen *A, B, C* . . . zum Kollektor. —

Nachdem die Wicklung fertig gestellt, kann den Stiften *q, q,* durch Auflegen einer Scheibe in deren Löcher die Stifte passen, noch ein besserer Halt gegeben werden.

A l i o t h u. Co.[1]) (s. Fig. 90) belegen den Ankerkern mit Drahtspulen, welche genau gleiche trapezförmige Rahmen bilden und derart geformt sind, daſs jede für sich nach einer Schablone hergestellt und auf den Anker gebracht werden kann. Die Isolation kann daher sehr sorgfältig hergestellt werden. —

---

[1]) D. R. P. 34783 v. 17. März 1885.

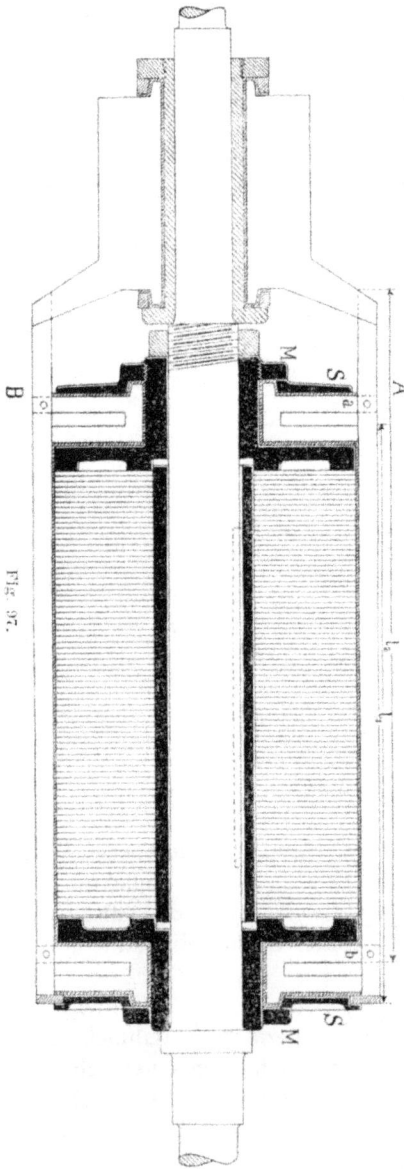

Wesentlich verschieden von den beschriebenen Wicklungsarten sind diejenigen Methoden bei denen das Kreuzen des Drahtes an den Stirnflächen möglichst vermieden und eine enge Berührung an den Kreuzungsstellen ganz beseitigt wird. Die erste Wicklung, welche diesen Anforderungen entspricht, hat die Firma Siemens[1]) für Anker, die zur Lieferung sehr starker Ströme von niederer Spannung bestimmt waren, ausgeführt. Die Stirnansicht eines solchen Ankers ist in **Fig. 96** abgebildet.

Zum Anker sind Kupferstäbe von grofsem Querschnitt benutzt; dieselben sind nach Schema Fig. 62 mit dem Kollektor durch gebogene Kupferstreifen verbunden, und zwar so, dafs dieselben in zwei zu einander parallelen Ebenen untergebracht sind und zwischen den Stäben die Luft frei zirkulieren kann.

Crompton und Swinburne[2]) haben dieselbe Wicklungsmethode für Maschinen mit höherer Spannung zur Anwendung gebracht. Sie gebrauchen flache Kupferstäbe,

[1]) Vergl. Elektrot. Zeitschr. Bd. II S. 54, S. P. Thompson, Dyn Masch. S. 266.
[2]) S. P. Thompson, Dyn. Masch. III. Aufl. S. 167.

welche mit der schmalen Seite auf dem Umfange der Trommel
liegen und deren Enden durch einen spiralförmig gebogenen Kupfer-
bügel, dessen beide Schenkel in verschiedenen Ebenen liegen, verbunden werden.

Der Verfasser[1]) benützt diese
Stabwicklung für vier- und
mehrpolige Lichtmaschinen,
verwendet aber mit Erfolg ge-
nutete Anker. In den **Fig. 97,
98** und **99** ist die Wicklung
eines vierpoligen Ankers dargestellt. Um deutlich zu bleiben, sind nur 21 Spulen, die
aus flachen Kupferstäben hergestellt werden, angenommen
— es sind also im ganzen
42 Kupferstäbe erforderlich,
und zwar 21 Stäbe von der
Länge l_1 und 21 von der

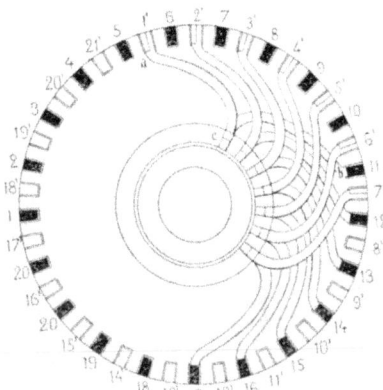

Fig. 98.

Länge l_2 die am Trommelumfange wechselweise einander folgen
und von denen die Stäbe l_2 mit den Kollektorsegmenten verbunden
sind. — In den Mantel der Trommel sind 42 schmale Nuten ein-
gefräst, welche zur Aufnahme der Isolation und der
blanken Kupferstreifen dienen.

Zur Herstellung der Endverbindungen werden aus
Kupferblech Streifen von der Gestalt Fig. 99 ange-
fertigt, dieselben besitzen zwei Schenkel a und b und
den Zahn c. Diese Streifen werden auf einer nach
Kreisevolventen gekrümmten Schablone in die Form
$a\,c\,b$ (Fig. 98) gebracht und die Enden a und b
mit je einem Stabe fest verbunden. Benachbarte

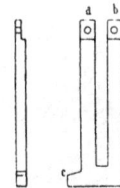

Fig. 99.

Streifen werden durch ein isolierendes Material, welchem ebenfalls
die Form Fig. 99 gegeben wird, von einander getrennt. Sind auf
einer Stirnfläche sämtliche Streifen angebracht, so wird über die
Zähne c eine Ringscheibe S isoliert aufgeschoben und mittelst der
Schraubenmutter M festgehalten.

---

[1]) Als technischer Leiter der Russisch-Baltischen Elektrotechnischen
Fabrik in Riga.

Stellen wir nach W. Fritsche laut Angabe der Schema
Fig. 81, 86 und 87 die Wicklung lediglich auf dem Umfange der
Trommel her und besteht jede Spule aus nur einer Windung, so

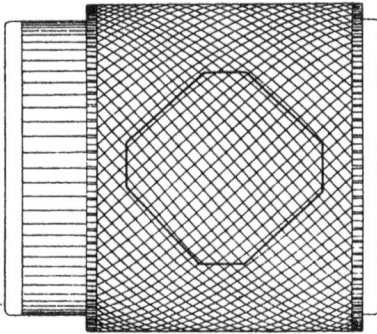 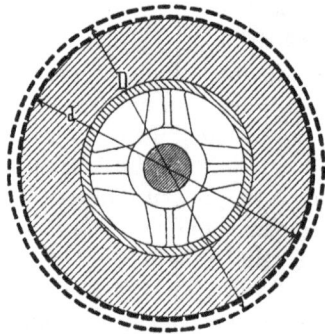

Fig. 100.   Fig. 101.

läfst sich die Wicklung ganz analog der Siemens'schen Methode,
so ausführen, dafs zwischen den sich kreuzenden Stäben oder
Drähten keine enge Berührung eintritt.

Fig. 102.

Fig. 100 gibt die Ansicht und
Fig. 101 den Querschnitt einer
nach dem Schema Fig. 87 durch-
geführten Wicklung. Die unter
sich parallelen Stäbe 1, 2, 3 . .
u. s. f. sind auf dem Gylinder-
mantel vom Durchmesser d und
die parallelen Stäbe 1′, 2′, 3′ . .
u. s. f., welche die vorhergehenden kreuzen, auf einem Mantel
von gröfserm Durchmesser D
untergebracht. Je zwei in verschiedenen Ebenen liegende
Stabenden desselben Knoten-
punktes sind leitend miteinander verbunden, von den angrenzenden
Knotenpunkten aber durch isolierende Schichten getrennt. Zwischen
die Cylinder d und D wird ebenfalls eine isolierende Schicht eingelegt.

Den Gedanken, die Vorzüge der Siemens'schen Stabwicklung
für Anker, deren Spulen aus mehreren Drahtwindungen bestehen,

nutzbar zu machen, hat R. Eickemeyer[1]) praktisch durchgeführt. Die mittels Schablonen hergestellten Spulen von Eickemeyer und die aus Stäben zusammengefügten Spulen von Siemens

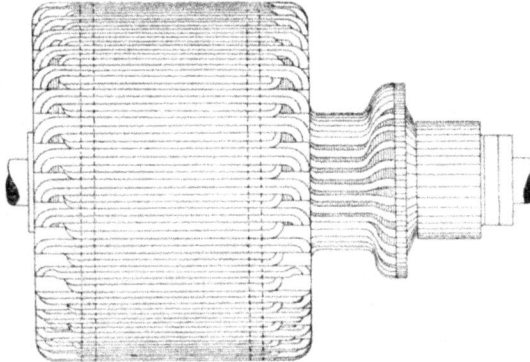

Fig. 103.

haben übereinstimmende Form. **Fig. 103** zeigt in Seitenansicht
einen zweipoligen Anker, welcher mit 36 Spulen der vorbesprochenen
Art versehen ist; **Fig. 102** gibt die Endansicht desselben, wobei
der Kollektor abgenommen ge-
dacht ist. **Fig. 104** stellt im
Grundriss eine einzelne Spule
dar; $A B$ bezeichnet die Lage
der Achse des Ankers.

Die Spulen haben alle
gleiche Gestalt; auf einer Seite
der Achse $A B$ sind dieselben von
geringerer Weite als die innern
Maße des anderen Teiles betragen. Diese Eigentümlichkeit
der Form wird bei allen Spulen,
unbeachtet der Zahl der Einzel-
windungen in der Spule und

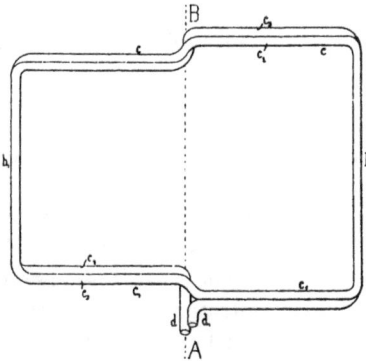

Fig. 104.

der Abänderungen in der Gestalt des zu bewickelnden Kernes, bei-
behalten. In Fig. 104 bezeichnen $b b_1$ die beiden auf dem Trommelumfange und $c c_1$ die beiden auf den Stirnflächen des Ankers liegenden
Seiten der Spule; $c_2 c_3$ sind die Windungen und $d d_1$ diejenigen

------

[1]) D. R. P. No. 54413 v. 14. Febr. 1888.

Enden, welche zum Kollektor gehen. Die Seite b der Spule ist länger als die Seite b_1, so daſs, wenn die verschiedenen Spulen auf den Kern aufgesetzt sind, die Seite b_1 jeder Spule durch die Seiten b der andern Spule hindurchgehen. Am Trommelumfange wechseln die kurzen Seiten mit den langen ab und die Stifte a dienen dazu, sie vor einer Verschiebung auf dem Kernumfange zu sichern.

Man kann erkennen, daſs auf jeder Stirnfläche (Fig. 102) der Weg des Drahtes zunächst eine Kreisevolvente durchläuft, welche vom Umfange des Ankers nach der Mitte zu geht, dann in einer Linie nahezu parallel mit der Trommelachse, und darauf in einer andern Kreisevolvente zu der entgegengesetzten Seite der Spule weiter verläuft. — Der Draht wechselt während dessen einige Mal seine Stellung und zwar so, daſs er am Umfange nebeneinander an den Enden aber übereinander, rechtwinklig zu den Stirnflächen liegt.

Mit der Wicklung von Alioth u. Co. hat die Methode von Eickemeyer die Vorzüge gemeinschaftlich, daſs alle Spulen stets gleiche Länge und Menge an Draht besitzen und daher ein gleicher Widerstand in den einzelnen Stromzweigen entsteht und daſs ferner schadhafte Spulen gegen neue ausgewechselt werden können.

Die Scheibenankerwicklungen.

Die Spulen der Ring- und Trommelanker drehen sich um eine Achse, welche senkrecht zur magnetischen Strömung der Feldmagnete steht, woraus folgt, daſs die Ebene der Spulen bald parallel bald senkrecht zu dieser Richtung liegt.

Die Kraftlinien haben infolge dieser Anordnung einen guten Teil ihres Weges innerhalb des Ankers zurückzulegen; der Ankerkern wird deshalb aus Eisen hergestellt, welches aus mechanischen Gründen mitrotieren muſs. Das hat eine Menge Übelstände zur Folge, welche bei vielpoligen Maschinen besonders fühlbar werden.

Das häufige Magnetisieren und Entmagnetisieren des Eisenkernes verursacht durch die Erzeugung von Wirbelströmen und Hysteresis Arbeitsverluste, welche den Wirkungsgrad selbst bei guten Maschinen um einige Prozent herabzudrücken vermögen. Anderseits begrenzt die entstehende Erwärmung des Eisenkernes den Verlust, den man im Ankerdrahte zulassen kann, beträchtlich und daher auch die gesamte Leistung der Maschine.

Endlich üben die induzierten Spulen, welche sich auf eine gewisse Länge der magnetischen Strömung verteilen, eine quermagnetisierende Wirkung aus, infolge dessen wird das magnetische Feld geschwächt und verdreht.

Bei den Scheibenarmaturen bewegen sich die induzierten Leiter stets senkrecht zur magnetischen Strömung um eine Achse, welche den Kraftlinien parallel liegt. Der Raum den die Leiter im magnetischen Felde in der Richtung der Kraftlinien beanspruchen ist daher auf die Dicke derselben beschränkt und der eiserne Ankerkern kann ganz in Wegfall kommen, indem die Kraftlinien durch die Armatur direkt von einem Pole zum andern übergehen.

Selbst bei einem grofsen Durchmesser werden daher die Scheibenanker leicht, man hat keine Erschütterungen zu fürchten und bei geringen Umdrehungszahlen ist eine grofse Umfangsgeschwindigkeit erreichbar. Durch die viel vollständigere Ventilation ist man aufserdem in Stand gesetzt die Stromdichte im Anker und somit die gesamte Leistung der Maschine zu erhöhen.

Um ohne Anwendung eines Eisenkernes und mit möglichst wenig Ampèrewindungen ein intensives magnetisches Feld zu erzeugen, mufs der Abstand, welcher für die Bewegung des Ankers zwischen den Polen frei gelassen wird, möglichst klein gewählt werden, d. h. die der Induktion ausgesetzten Leiter dürfen in achsialer Richtung nur wenig Raum beanspruchen. Diese Bedingung, sowie die Verbindung der induzierten Leiter unter sich und mit dem Kollektor erschweren die Herstellung von Scheibenankern ganz wesentlich; erst in den letzten Jahren ist es gelungen die Aufgabe in befriedigender Weise zu lösen.

Die Scheibenanker werden meistens für mehrpolige Maschinen gebaut; jedoch läfst sich ein solcher Anker auch für zweipolige Maschinen ausführen.

Die Reihenschaltung ist für vielpolige Scheibenanker besonders geeignet, denn dieselbe gestattet die gewünschte elektromotorische Kraft mit geringer Windungs- oder Stabzahl des Ankers zu erreichen und vermeidet die Gefahr, welche bei mehrpoligen Maschinen die Parallelschaltung zum Vorschein bringt, wenn die magnetischen Felder und die Stromzweige des Ankers nicht vollkommen gleichwertig untereinander sind, d. h., dafs die einzelnen Stromzweige nicht gleiche elektromotorische Kraft ergeben.

Im nachfolgenden sollen auch diejenigen Scheibenanker Erwähnung finden, welche heute nur noch historische Bedeutung haben.

Hierher gehört zunächst der Scheibenanker von Niaudet[1]).
Den Scheibenanker von Niaudet kann man sich aus dem Gramme-
schen Ringanker entstanden denken, indem man die Spulen des
letzteren um 90° dreht, so daß sämtliche Spulen in eine senkrecht
zur Drehungsachse stehende Ebene zu liegen kommen. Die Verbindung der Spulen untereinander bleibt dieselbe, Anfang und Ende
zweier benachbarten Spulen sind zu einem gemeinschaftlichen Kollektorsegmente geführt.

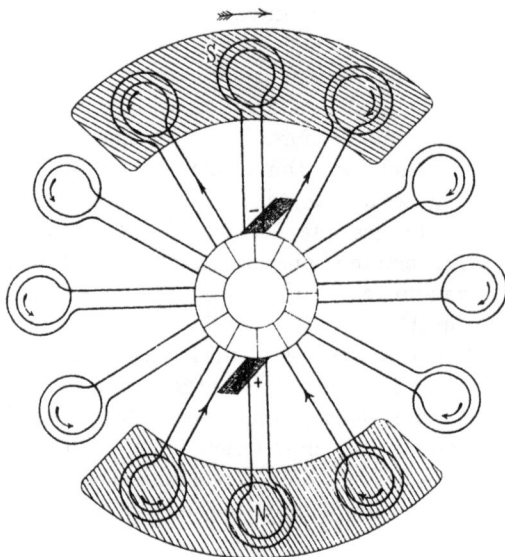

Fig. 105.

Das magnetische Feld wird durch zwei Hufeisenmagnete ge-
bildet, welche ihre ungleichnamigen Pole einander zukehren; in
Fig. 105 ist einer dieser Pole hinter, der andere vor der Papierebene zu denken. Rotiert die Armatur zwischen den so entstandenen
Feldern entgegengesetzter Polarität, so tritt in jeder Spule dann
ein Stromwechsel ein, wenn die Mittellinie derselben mit der Pollinie *NS* zusammenfällt. Läßt man die Bürsten derart auf dem
Kollektor schleifen, daß die Spulen während des Stromwechsels

---

[1]) Kittler, Handb. II. T. S. 23.

kurz geschlossen sind, so erhält man in der Armatur zwei Stromzweige von entgegengesetzter Richtung und im äufsern Stromkreise
einen gleichgerichteten Strom.

Dieselbe Ankerkonstruktion wurde auch von Wallace-Farmer
und Sóren Hjorth angewendet.

Scheibenanker von Hopkinson-Muirhead[1]).   **Fig. 106.**

Die Verbindungsweise der Spulen unter sich sowie mit dem
Kollektor ist mit derjenigen des Niaudetschen Ankers überein-

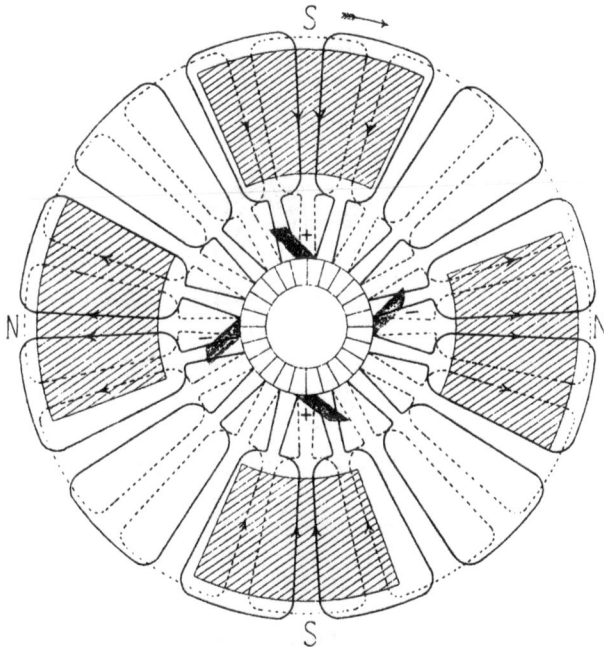

Fig. 106

stimmend. Eine Eigentümlichkeit der vorliegenden Wicklung
liegt darin, dafs die Spulen in zwei parallelen Ebenen untergebracht
und um eine halbe Spulenweite gegeneinander verschoben sind.

Dieselben sind auf den beiden Seitenflächen eines aus Bandeisen
hergestellten Kernes befestigt, welcher zur Aufnahme der Spulen

---

[1]) Engl. Patent 4886 v. J. 1880.

Arnold, Ankerwicklungen.   7

mit radialen Nuten versehen ist. Die auf der hintern Fläche liegenden Spulen sind punktiert. Die Zahl der magnetischen Felder ist gleich oder kleiner als die halbe Spulenzahl und ebenso angeordnet wie bei Niaudet.

Scheibenanker von Siemens und Halske[1]).
(v. Hefner-Alteneck.)

In sehr sinnreicher Weise ist es v. Hefner-Alteneck gelungen, einen vielpoligen Scheibenanker mit Reihenschaltung so zu bauen,

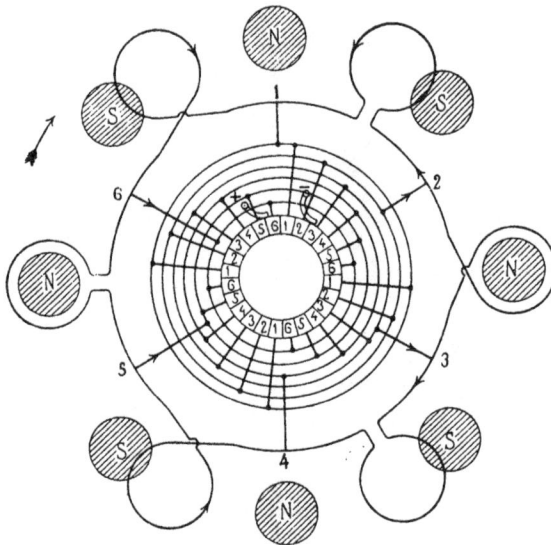

Fig. 107.

dafs ebenso wie bei einer zweipoligen Maschine von jeder Bürste gleichzeitig nur eine Spule kurz geschlossen wird.

In der Gesamtanordnung weist die Maschine zwei Magnetkränze auf, welche ihre Pole einander derart zukehren, dafs die magnetischen Felder mit abwechselnder Polarität einander folgen. Die Zahl der Armaturspulen ist kleiner als die Zahl der Felder und zwar ist

$$s = (n - 2)$$

_____

[1]) D. R. P. 15389 v. J. 1881, Kittler, Handb. II, p. 29.

In **Fig.** 107 sind sechs Spulen angenommen, welche zwischen acht magnetischen Feldern entgegengesetzter Polarität rotieren. Von den sechs Spulen kommen immer nur zwei gegenüberliegende gleichzeitig gänzlich in die betreffenden magnetischen Felder zu liegen, während die übrigen Spulen noch einen gröfsern oder kleinern Abstand von den andern magnetischen Feldern haben. Bei der Drehung der Armatur werden daher die induzierten Stromimpulse nicht gleichzeitig in sämtlichen Spulen ein Maximum,

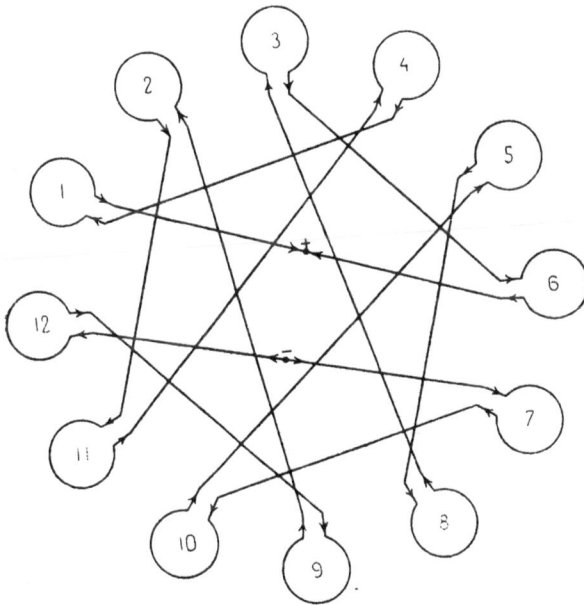

Fig. 108.

sondern in aufeinanderfolgenden Spulen in nacheinander folgenden Zeiten.

Man mag nun die augenblickliche Stellung der Spulen zu den magnetischen Feldern denken wie man will, so wird man stets die Armatur durch eine die Achse schneidende Linie in zwei Hälften zerlegen können, die in entgegengesetztem Sinne vom Strome durchflossen werden, während die Stromimpulse sich addieren.

Die erwähnte Halbierungslinie ändert dabei fortwährend in sehr raschem Umlauf ihre Stellung und schneidet dabei stets diejenigen Punkte des durch die Spulen gebildeten Leitungskreises, welche mit den Komutatorsegmenten, auf denen im gleichen Momente die Bürsten schleifen, in Verbindung stehen.

Der Komutator besteht aus $c = \dfrac{n}{2} \cdot s$ Segmenten, und je $\dfrac{n}{2}$ Segmente, die um einen Winkel von $\dfrac{2 \cdot 360}{n}$ Grad von einander abstehen, sind leitend untereinander verbunden und an einen der Verbindungsdrähte zweier benachbarten Spulen angeschlossen. In unserer Figur besitzt der Komutator 24 Teile und $\dfrac{n}{2} = 4$ Seg-

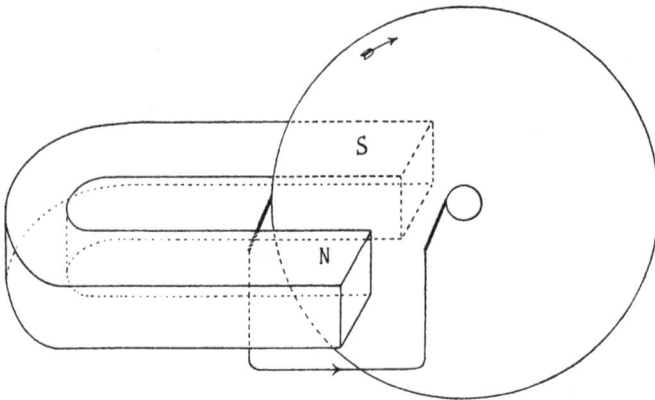

Fig. 109.

mente gehören zu einer Gruppe. Die Verbindung der zu Gruppen (1, 1, 1, 1 bzw. 2, 2, 2, 2 u. s. f.) vereinigten Segmente unter sich und mit den Armaturspulen geschieht mittels isoliert auf die Achse aufgesetzten Ringen.

Bezeichnen wir die aufeinander folgenden Segmente der sechs Gruppen mit 1 bis 6 und die zugehörigen Verbindungsdrähte der Spulen ebenfalls mit 1 bis 6, so werden durch die Bürsten immer diejenigen Spulen kurz geschlossen, welche zwischen den Zahlen liegen, die mit den Nummern der von den Bürsten berührten Komutatorsegmenten übereinstimmen. Liegt z. B. die eine Bürste auf den Segmenten 5 und 6, die andere auf 2 und 3, so sind die zwischen den Verbindungsdrähten 5 und 6 bzw. 2 und 3 liegenden Spulen kurz geschlossen.

Anstatt mehr magnetischer Felder als Spulen können auch deren weniger sein und die Differenz braucht nicht gerade zwei zu sein. Es kann auch die Zahl der Spulen vervielfacht, beispielsweise verdoppelt werden. Es können dabei die Spulen in zwei Ebenen derart untergebracht werden, daſs sie sich gegenseitig zur Hälfte oder auch weniger überdecken, wie in Fig. 106 für den Scheibenanker v. Hopkinson-Muirhead gezeigt wurde.

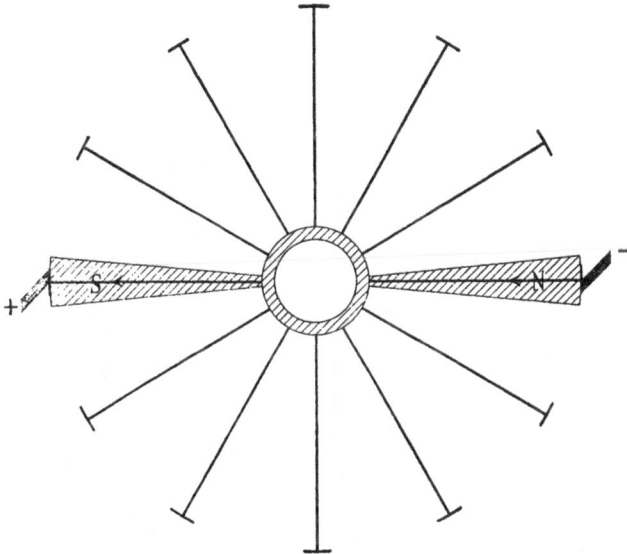

Fig. 110.

In **Fig.** 108 ist für eine Maschine mit acht Feldern und zwölf Spulen die Verbindung der Spulen untereinander aufgezeichnet. Man sieht daraus, daſs die Spulen, in welchen die Stromimpulse in unmittelbarer Aufeinanderfolge eintreten, nicht mehr aufeinanderfolgend, sondern sprungweise im Kreise herum liegen und dementsprechend in den Stromkreis eingeschaltet sind. Die Zahl der Komutatorteile beläuft sich für dieses Schema auf 48, welche in zwölf Gruppen zu vier Segmenten angeordnet sind.

Die oben beschriebenen Scheibenanker haben in der Praxis keine Bedeutung erlangt. Zu einer für Gleichstrommaschinen zweckmäſsigeren Ankerkonstruktion gelangen wir durch Anwendung der für Ring- und Trommelanker entwickelten Schemas.

Als passender Ausgangspunkt für diese Anker kann die Scheibe
von Faraday angesehen werden.   Die bekannte Anordnung
ist in **Fig. 109** dargestellt.   Eine Kupferscheibe rotiert so im magnetischen Felde, dafs beständig Kraftlinien geschnitten werden.
Durch Anlegen von Bürsten an der Achse und der Peripherie der
Scheibe wird im äufsern Stromkreise ein ununterbrochener Strom
erhalten.

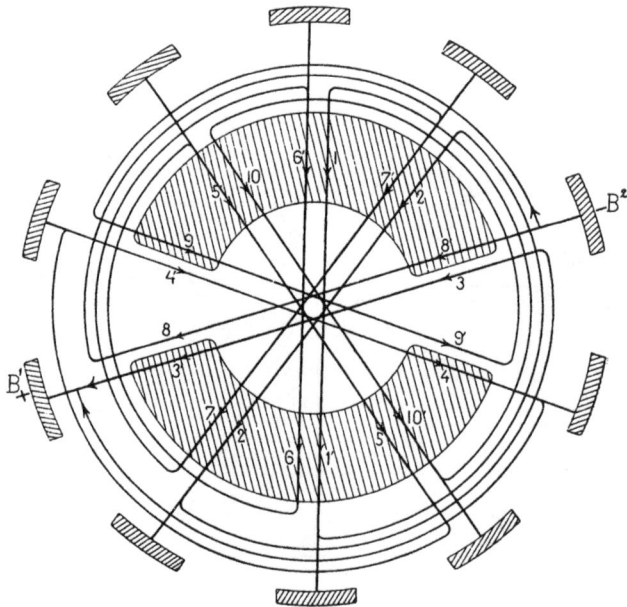

Fig. 111.

Scheibenanker von W. Thomson[1]) und Poleschko[2]).

Teilt man die Kupferscheibe in radiale Streifen, welche an
einer gemeinsamen Nabe befestigt, nach der Peripherie zu aber
von einander isoliert sind, und läfst diese Scheibe zwischen zwei
Feldern entgegengesetzter Polarität rotieren, so erhält man die
Anordnung von Poleschko (**Fig. 110**). In der Figur hat man sich
über der Papierebene vor dem Nordpol einen Südpol und vor
dem Südpol einen Nordpol zu denken.

---

[1]) S. P. Thomson, Dyn.-Masch. III. Aufl. p. 233.
[2]) La Lum. électr. Bd. 35. 1889. p. 610.

Beide Bürsten schleifen am Umfange der Scheibe in der Pollinie SN, die elektromotorischen Kräfte in den gegenüberstehenden
radialen Stäben addieren sich, was einer Verdopplung derselben
im Vergleich zu einer Faraday'schen Scheibe entspricht. Die
Teilung der Scheiben in radiale Streifen verhindert die Bildung
von Nebenströmen.

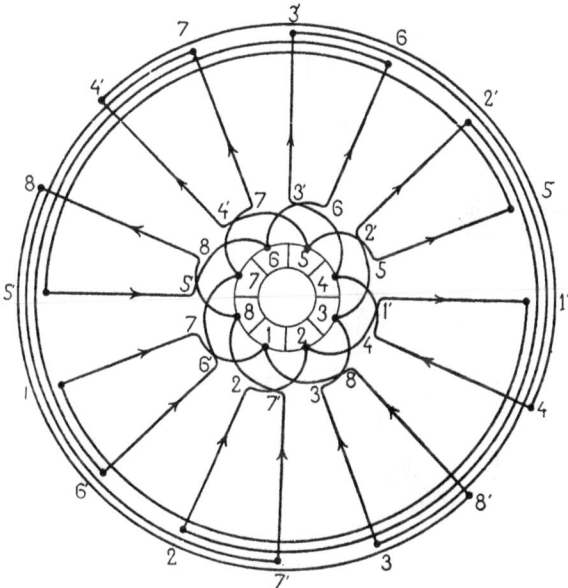

Fig. 112.

W. Thomson verbindet die radialen Arme oder Speichen an
ihren äußern Enden mit einem kupfernen Reifen; ihre innern Enden
sind isoliert und jedes steht mit einem Segmente eines gewöhnlichen
Kollektors in Verbindung, auf welchem zwei Bürsten schleifen.

Diese Anker gehören zu denjenigen mit offener Wicklung.
Dieselben fanden, um die Entstehung des Scheibenankers zu er-
läutern, jedoch schon hier Erwähnung.

Scheibenanker von Pacinotti[1]).

Im Jahre 1881 wurde eine Maschine mit Scheibenanker zur
Pariser Weltausstellung gebracht, welche Pacinotti im Jahre 1875

---

[1]) S. P. Thompson, Dynamoelektr. Masch. p. 206.

erfunden hatte. Pacinotti stellt den Anker ebenfalls aus radialen Leitern, welche zwischen zwei Feldern entgegengesetzter Polarität rotieren, zusammen, verbindet aber dieselben so untereinander, daſs eine einzige geschlossene Wicklung entsteht. In **Fig. 111** ist die Verbindungsweise angegeben; die Flächen der einander gegenüberstehenden Pole sind im Vergleich zu Fig. 110 stark verbreitert, so daſs in der einen Hälfte der Leiter der Strom radial nach innen und in der andern Hälfte radial nach aussen flieſst. Die Verbindungsweise entspricht unserer allgemeinen Schaltungs-regel, also auch derjenigen des Pacinotti'schen Ringankers.

In der Figur ist $s = 10$, $y = s + 1 = 11$, daher muſs 1' mit $1 + 11 = 12$ oder 2 verbunden werden. Die Kollektorlamellen

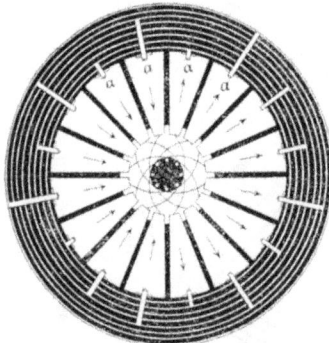
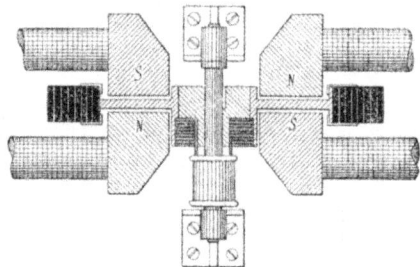

Fig. 113.   Fig. 114.

sind der Deutlichkeit halber auf den äuſsern Umfang verlegt. Der Strom gelangt durch die Bürste B_1 in den äuſsern Strom-kreis, tritt durch die Bürste B_2 wieder in den Anker ein und ver-teilt sich von hier aus in die Zweige

B_2 9, 9' 10, 10', 1, 1', 2, 2', 3, 3' B_1
B_2 8', 8, 7', 7, 6', 6, 5', 5, 4', 4 B_1.

Scheibenanker von Edison[1].

Im Jahre 1881 lieſs sich Edison eine Maschine patentieren, deren Anker mit demjenigen von Pacinotti nahezu übereinstimmt. Vertauschen wir nämlich bei dem Letztern die Verbindungen der radialen Stäbe derart, daſs wir die am Umfange liegenden

---

[1] D. R. P. 18216 v. 2. Aug. 1881.

Verbindungen mit den Kollektorsegmenten nach innen und die
innern Verbindungen (1 mit 1', 2 mit 2' u. s. f.) nach aufsen ver-
legen, so ergibt sich das in **Fig.** 112 dargestellte Schema von Edison.
Die konstruktive Ausführung veranschaulichen die **Fig.** 113
und 114 in Ansicht und Querschnitt.
Die 16 radialen Leiter bestehen aus Kupferstreifen (a, a ..),
welche gut von einander isoliert sind. Die Verbindung derselben am
äufsern Umfange vermitteln acht bandförmige, von einander isolierte
konzentrische Kupferringe. Die so hergestellte Scheibe wird auf
einer hölzernen Nabe montiert und die Verbindung der innern

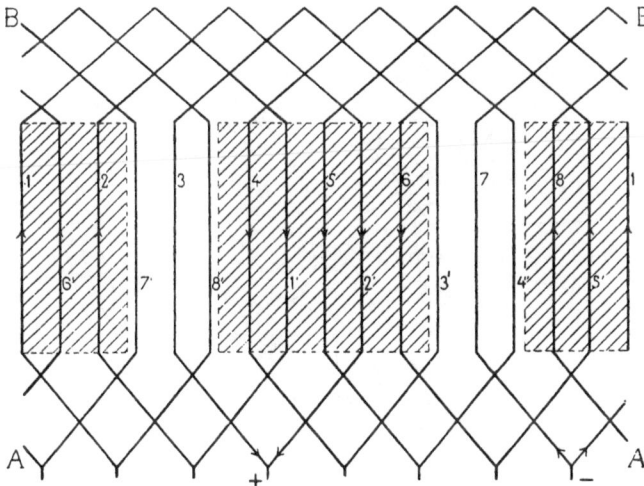

Fig. 115.

Enden der radialen Streifen mit dem Kollektor ebenfalls durch
acht auf die Nabe aufgeschobene und isolierte Kupferringe be-
werkstelligt.
Zeichnet man die Schema von Pacinotti und Edison in aus-
gestreckter Lage, so erhält man **Fig. 115**.
Ein Vergleich derselben mit Fig. 71 beweist, dafs die vor-
liegende Verbindungsmethode mit der von v. Hefner-Alteneck'schen
Trommelwicklung übereinstimmt. Rollen wir das Schema Fig. 115
hochkant derartig in eine Kreisform, dafs die Seite AA am
äufsern Umfange liegt, so erhalten wir das Schema von Pacinotti,

kommt dagegen BB nach aufsen zu liegen, so ergibt sich das
Schema von Edison.

**Mehrpoliger Scheibenanker von Edison[1]) mit Parallel-
schaltung.**

Wenden wir die in Fig. 112 angegebene Verbindungsmethode
für eine vierpolige Anordnung an, so entsteht das Schema **Fig. 116.**
Dasselbe ist vollkommen übereinstimmend mit dem für Trommelanker gültigen Schema Fig. 75.

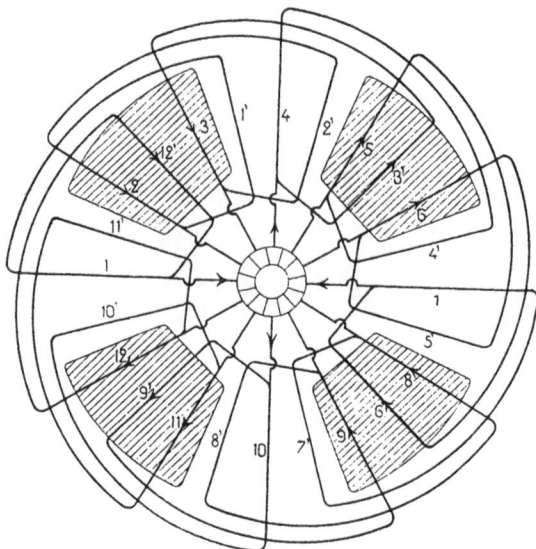

Fig. 116.

**Anwendung des Schemas von Andrews-Perry auf
Scheibenanker.**

Eine neue Gruppe von Scheibenankerwicklungen läfst sich
ableiten, wenn wir das von Andrews und Perry für Ringanker
angegebene Schema auf Scheibenanker anwenden. Am einfachsten
gelangen wir dazu, wenn wir das in Fig. 86 abgewickelte Schema
eines nach dieser Methode bewickelten Trommelankers derart zur

---

[1]) The Electrician 1889, Dezember.

Kreisform zusammenrollen, dafs die parallelen Leiter 1 bis 13 und 1' bis 13' zu Radien werden.

In **Fig. 117** ist ein Schema, welches man sich auf diese Weise entstanden denken kann, für acht magnetische Felder entworfen. Die Zahl der radialen Stäbe mufs allgemein

$$z = b \left(y \cdot \frac{n}{2} \pm a \right) \text{ sein.}$$

Für Reihenschaltung ist $a = 1$.

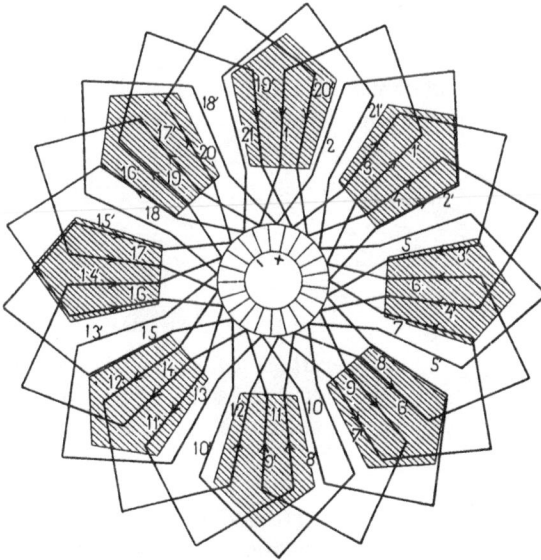

Fig. 117.

In Fig. 117 ist $b = 2$ und $y = 5$, somit wird
$$z = 2 \cdot (4 \cdot 5 + 1) = 42 = 2\,s.$$
Je zwei Stäbe sind zu einem Paare oder einer Spule verbunden und mit gleichen Nummern bezeichnet.

Es ist 1' mit $1 + 5 = 6$, 2' mit 7, 3' mit 8 u. s. f. zu verbinden.

Die Zahl der Kollektorsegmente ist gleich 21; durch jede Bürste werden gleichzeitig $\frac{n}{2} = 4$ Spulen kurz geschlossen, und zwar in der gezeichneten Lage durch die negative Bürste die Spulen [21, 21'], [5, 5'], [10, 10'], [15, 15'] und durch die positive Bürste die Spulen [18', 18], [13', 13], [8', 8] und 3', 3].

Die Gestalt der Polflächen wird durch die Form der Spulen bestimmt; damit keine entgegenwirkenden elektromotorischen Kräfte induziert werden, müssen die Pole aufsen abgeschrägt und die Seitenfiächen radial verlaufend sein.

Die konstruktive Durchführung eines nach dem obigen Schema gewickelten Scheibenankers macht viel Schwierigkeiten und hat verschiedene Lösungen gefunden. Wir erwähnen zunächst den

Scheibenanker mit schräger Wicklung.

Die übereinandergreifenden Spulen sind bei dieser Wicklung schräg zur Rotationsebene gestellt. Die Winkelweite jeder Spule

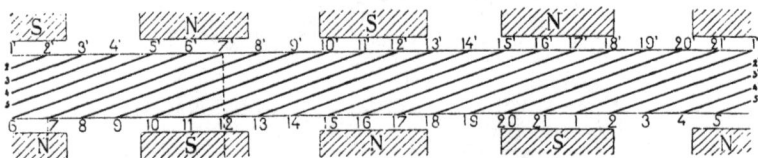

Fig. 118.

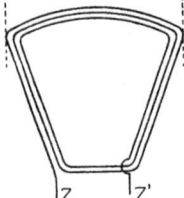

Fig. 119.

ist derart bemessen, dafs, wenn sich die eine Seite derselben in dem einen magnetischen Felde befindet, sich die andere Seite in einem Felde entgegengesetzter Polarität bewegt.

Fig. 118 stellt die Lage der Spulen in Bezug auf die magnetischen Felder dar; die Ansicht auf den Umfang des Ankers ist dabei in die Papierebene abgewickelt gedacht. Die Vorderansicht einer einzelnen Spule, acht magnetische vorausgesetzt, zeigt Fig. 119. Die Enden der Spulen können nach dem Schema Fig. 117 auf Spannung oder nach Schema Fig. 77 parallel geschaltet werden.

Wicklungen mit schräger Lage der Spulen sind von Ayrton und Perry[1]), von Elphinstone-Vincent[1]) und ferner von Desroziers[2]) angegeben worden; in welcher Art die Schaltung

---

[1]) S. P. Thompson, Dyn. Masch. III. Aufl. S. 206.
[2]) La Lum électr. t. 24 (1887) p. 293.

derselben war, ist jedoch dem Verfasser dieser Schrift nicht bekannt.

Besteht jede Spule aus nur einer einzigen Windung und denken wir uns sämtliche Windungen auf eine dünne Scheibe in schräger Lage aufgeschoben und nach der allgemeinen Schaltungsregel hintereinandergeschaltet, so erhält man das Schema **Fig. 120.**

Dasselbe stellt ebenso wie Fig. 118 die Ansicht des Ankerumfanges in abgewickelter Form dar. Die induzierten radialen Leiter erscheinen als Punkte, die Querverbindungen am äußern Umfange sind als volle, diejenigen am innern Umfange als punktierte Linien markiert. Die Schaltung bewegt sich somit, von 1′ ausgehend am innern Umfange nach 11, dann radial nach aussen, von 11 schräg am äussern Umfange nach 11′, dann radial nach innen, von 11′ am innern Umfange wieder schräg nach 21,

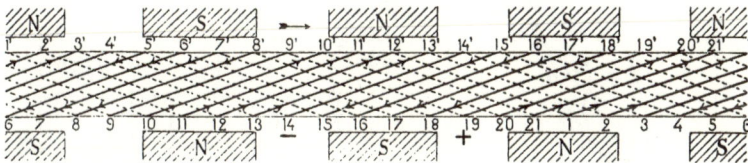

Fig. 120.

dann folgt 21′, 10, 10′, 20, 20′ 9 u. s. f. bis man schließlich zu 1′ zurückgelangt. Irgend eine Kreuzung findet nicht statt. Die Lage der Bürsten ist in der Figur angedeutet.

Scheibenanker von Desroziers[1].

Die Wicklung des Scheibenankers von Desroziers ist übereinstimmend mit dem Schema Fig. 118, also ebenfalls eine Wellenwicklung; nur vermehrt Desroziers, wie schon in Fig. 50 für Ringanker und in Fig. 89 für Trommelanker gezeigt wurde, die Zahl der Kollektorsegmente derart, daß durch jede Bürste gleichzeitig nur eine Spule, bezüglich nur ein Element, kurz geschlossen wird. Die Zahl der radialen Stäbe ist

$$z = b \cdot \left(y \cdot \frac{n}{2} \pm 1 \right),$$

---

[1] Elektrotechn. Zeitschr. Bd. X (1889) S. 200. — La Lum électr. T. 24 (7. Mai 1887) p 294.

die Zahl der Kollektorsegmente

$$c = z \cdot \frac{n}{4},$$

und je $\frac{n}{2}$ Segmente, die um einen Winkel von $\frac{2 \cdot 360}{n}$ Grad von einander abstehen, sind leitend mit einander verbunden.

Desroziers wählt bei seinen Maschinen $\frac{n}{2}$ ungerade, und zwar $n = 6$. Die Stabzahl z ist stets durch 4 teilbar und je vier

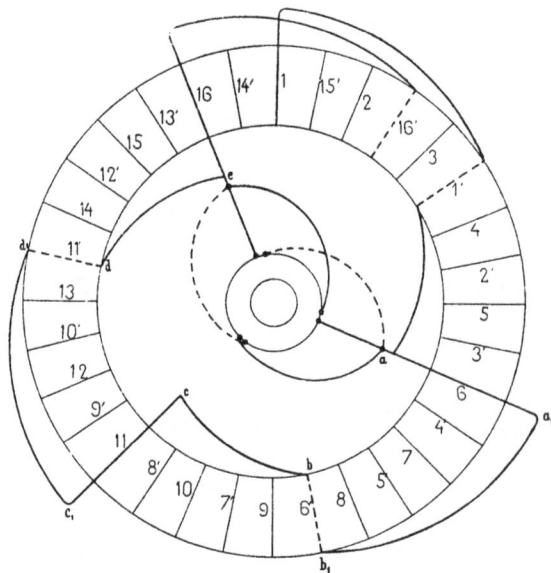

Fig. 121.

Stäbe sind zu einem sogenannten Elemente verbunden. Dadurch wird die Kollektorsegmentzahl auf die Hälfte vermindert. Es ist

$$c = \frac{z}{4} \cdot \frac{n}{2} = \frac{zn}{8}.$$

In Fig. 121 ist unter Annahme von

$$n = 6,\ z = 2 \cdot (3 \cdot 5 + 1) = 32,\ y = 5\ \text{und}\ c = 24$$

die Wicklung von Desroziers dargestellt. Dieselbe besteht aus geradlinigen, radialen Leitern, welche im magnetischen Felde bewegt werden und am äußern und innern Umfange durch parallele, nach Kreisevolventen gekrümmte Drahtstücke verbunden sind.

Kreuzungen der Drähte werden auf diese Weise vollständig vermieden.

Eine Spule, welche der allgemeinen Schaltungsregel entspricht, besteht aus zwei radialen Teilen ($b = 2$) und zwei Verbindungsstücken (z. B. $a\,a_1\,b_1\,b\,c$); ein Element bilden nach Desroziers vier radiale Teile und vier Verbindungsstücke, also $a\,a_1\,b_1\,b\,c\,c_1\,d_1\,d\,e$. Von jeder Verbindungsstelle zweier Elemente führen Abzweigungen zu je drei Segmenten, die miteinander Winkel von $\dfrac{2\cdot360}{6} = 120^{\circ}$ bilden.

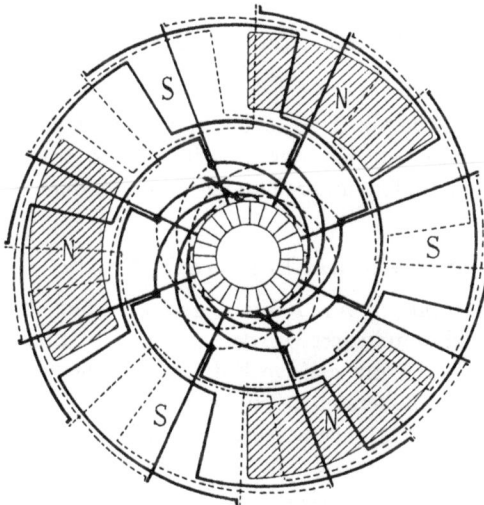

Fig. 122.

Das vollständige Schema, welches auf diese Weise erhalten wird, ist in Fig. 122 abgebildet. Um Kreuzungen zu vermeiden, liegen die punktierten Teile auf der hintern, die voll ausgezogenen Teile auf der vorderen Fläche des Ankers.

Die erforderliche Festigkeit wird dem Anker durch eine radförmige Scheibe, Fig. 123, aus 2 mm starkem Neusilberblech erteilt. Dieselbe wird mittels Nabe auf die Achse der Maschine aufgesetzt und trägt auf ihren beiden Seiten isolierende Platten von gepreßtem Karton, die mit Bolzen befestigt, und auf welche die Armaturdrähte so aufgezogen sind, daß sich, wie oben angegeben, die

eine Hälfte auf der einen und die andere Hälfte auf der andern
Kartonplatte befindet. Diese Anordnung bietet noch den Vorteil,
daſs zwei Arbeiter unabhängig von einander die Wicklung herstellen

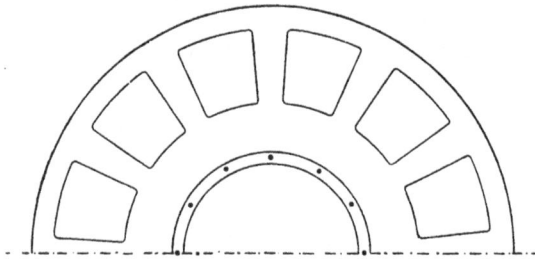

Fig. 123.

können, indem sie die Drähte auf die Karton aufziehen. Nach
Befestigung derselben auf der Neusilberplatte werden dann die
entsprechenden Enden untereinander und mit dem Kollektor verbunden.

Scheibenanker von F. Fanta[1]).

Die Konstruktion von Fanta bezweckt, diejenigen Teile der
Armatur, welche induziert werden sollen, so dünn als möglich
aufzubauen. Durch die geringe Entfernung, welche infolge dessen
die einander gegenüberstehenden Pole erhalten, wird es möglich,
mit verhältnismäſsig wenig Ampère-Win-
dungen kräftige magnetische Felder zu
erzeugen.

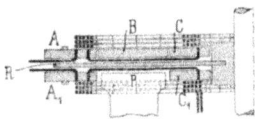

Fig. 124.

Die Armatur besteht zunächst aus
einer Stützscheibe R (**Fig. 124**), welche
mit der Nabe fest verbunden ist, und
aus zwei isolierenden Seitenplatten.

Jede Seitenplatte ist in drei konzentrische Ringe A, B, C,
Fig. 125, geteilt, der mittlere B kann nach Fertigstellung der
Armatur herausgenommen werden, während A und C fest mit der
Stützscheibe R verbunden sind.

Vor der Befestigung auf die Stützscheibe werden die Seitenplatten mit Draht bewickelt. Der Verlauf der Wicklung ist mit

---

[1]) D. R. P. No. 46240 v. 25. März 1888.

derjenigen von Desroziers übereinstimmend und aus den Fig. 125 und 126 ersichtlich.

Von *a* ausgehend wird der Draht an der Innenseite (uns abgekehrten Seite der Platte bis zum Loche *b* geführt, durch

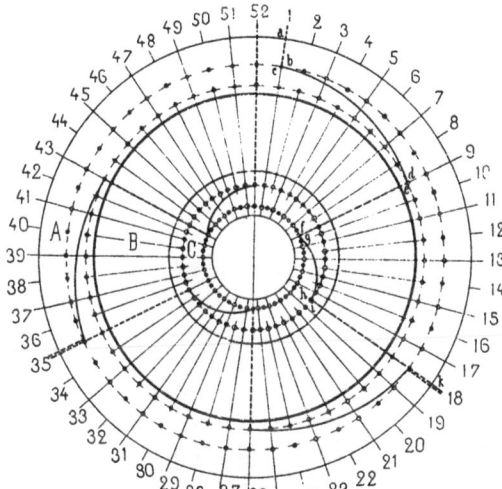

Fig. 125.

dieses Loch hindurchgezogen, von *c* aus in einem exzentrischen Bogen an der vordern Seite der Platte entlang bis *d* gebracht, wieder durch die Platte *A* hindurchgezogen, dann an der Innenseite der Platte radial von *e* bis *f* geführt, bei *f* durch den Ring *C* gesteckt, einem exzentrischen Bogen *g h* an der Vorderseite der Platte entlang gelegt, bei *h* wieder durch ein Loch nach *i* und dann auf der Innenseite in radialer Richtung nach aufsen bis *k* geleitet.

Dieser in **Fig. 126** noch besonders dargestellte Drahtzug bildet ein Element.

Auf jeder Seitenplatte *A B C* und *A₁ B₁ C₁* wird eine gewisse Anzahl solcher Elemente aufgewickelt; es liegen dann alle radialen Drähte auf derselben Plattenseite, und zwar flach nebeneinander. Mit dieser Seite werden die bewickelten Platten auf die Stützscheibe aufgelegt und die Ringe *A A₁* und *C C₁* damit befestigt. Die mittleren

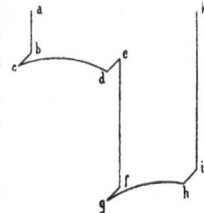

Fig. 126.

Ringe B und B_1 können nun entfernt werden, damit die induzierenden Pole P einen möglichst geringen Abstand erhalten.

Die Elemente werden nach Bedarf durch Reihen- oder Parallelschaltung verbunden.

Scheibenanker von Jehl und Rupp[1]).

Am 4. Februar 1887 liefs sich F. Jehl eine Konstruktion von
Scheibenankern patentieren, welche einen der wesentlichsten Fort-
schritte im Aufbaue solcher Anker bedeutet.

Wir wissen, dafs sich die Verbindungen auf den Stirnflächen
der Trommelanker so anordnen lassen, dafs keine Kreuzungen
entstehen. In den Scheibenankern von Desroziers und Fanta ist
die Wicklung ebenfalls, um Kreu-
zungen zu vermeiden, in zwei Ebenen
ausgeführt.

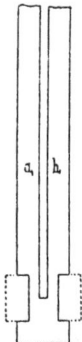 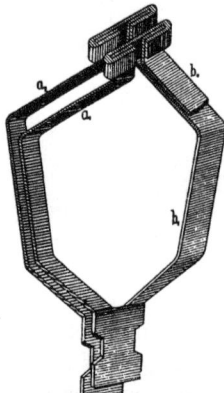

In dem Scheibenanker von Jehl
und Rupp liegen die beiden Armaturhälften ebenfalls in verschiedenen,
zu einander parallelen Ebenen. Der
Anker erhält aber seine Festigkeit
nicht durch eine Stützscheibe, sondern die induzierten Leiter sind so
dimensioniert und geformt, dafs dieselben in sich selbst genügende
Steifigkeit besitzen.

Zur Herstellung einer Wicklung

Fig. 127.   Fig. 128.

mit Parallelschaltung dienen der
Länge nach gespaltene Kupferstreifen, von der in **Fig. 127** dargestellten Form. Jeder Streifen wird in eine der **Fig. 128** ähnliche
Gestalt gebracht; die Leiterelemente a_1 und b_1 liegen nun in verschiedenen Ebenen.

Das linke Ende a_1 wird mit dem rechten Ende b_0 der vorhergehenden, und das rechte Ende b_1 mit dem linken Ende a_2 der
nächstfolgenden Spule verbunden. Sind sämtliche Spulen auf
diese Weise miteinander verlötet, so erhält man einen geschlossenen
Stromkreis, dessen eine Hälfte auf der linken und dessen zweite
Hälfte auf der rechten Armaturhälfte liegt.

---

[1]) D. R. P. No. 43298. — Kittler, Handb. II. S. 39.

Fig. 129 veranschaulicht das so entstandene Schema, welches eine Schleifenwicklung darstellt.

Der Einfachheit halber sind nur wenig Spulen angenommen. Die Leiterteile $a_0 b_0$, $a_1 b_1$, $a_2 b_2$ u. s. f. gehören je einem Streifen an; die auf der vordern Armaturseite liegenden Leiter sind durch starke Linien markiert.

Um möglichst viele Spulen zu einer Armatur vereinigen zu können, kann man die innern Teile einer jeden Spule durch

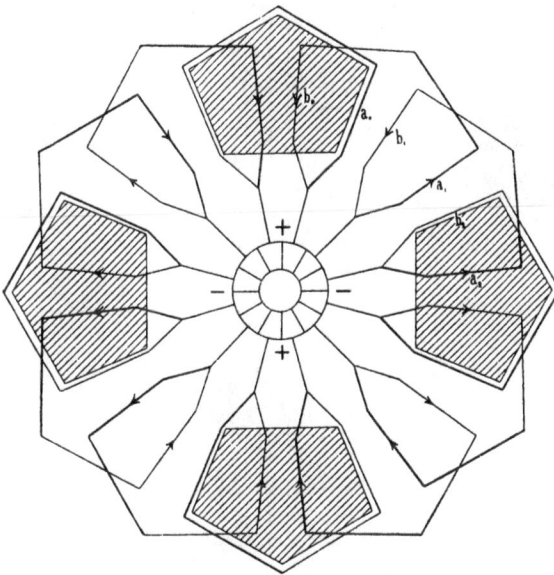

Fig. 129.

dünneres Metallband ersetzen, das jedoch, behufs Erzielung desselben Querschnittes, entsprechend breiter zu machen ist. Die Spulen können hierdurch dichter aneinander gereiht werden.

Die Zahl der Kollektorsegmente kann gleich der halben Stabzahl sein, oder man faßt mehrere Stäbe zu einer Gruppe zusammen und verbindet nur das Ende jeder Gruppe mit dem Kollektor.

Wählen wir die Stabzahl

$$z = b \cdot \left(y \cdot \frac{n}{2} \pm 1 \right)$$

8*

und verbinden dieselben nach der allgemeinen Schaltungsregel,
so entsteht eine Wellenwicklung.

In **Fig. 130** ist für $z = 14$, $y = 3$, $n = 4$ die Verbindung der
Stäbe veranschaulicht, die Zahl der Elemente ist $=.7$.

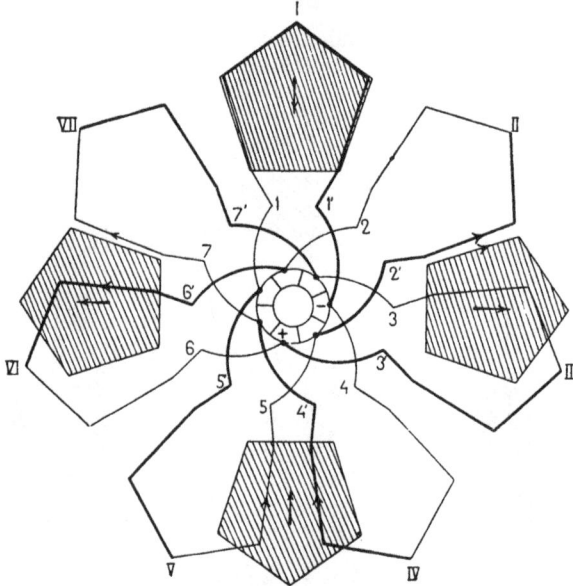

Fig. 130.

Jehl und Rupp verbinden die Stäbe auch nach dem Schema
Fig. 131. Hier ist $b = 4$

$$z = 4 \left(y \cdot \frac{n}{2} \pm 1 \right)$$

oder $z = 4 \,(3 \cdot 2 - 1) = 20, \; y = 3.$

Jedes Element besteht aus vier radialen Stäben, die Anfänge
der Elemente sind mit 1, 2, 3 . . ., die Enden mit 1', 2', 3' . . .
bezeichnet. 1' ist mit $1 + y = 4$ zu verbinden.

Entsprechend der in Fig. 52 für Ringanker angegebenen Wicklung wird die Zahl der Kollektorsegmente dadurch auf die Hälfte
reduziert, indem wir aber diametral zu jedem derselben ein neues
Segment einschalten (Fig. 131), erhalten wir wieder $\frac{z}{2}$ Segmente.

Ein Unterschied zwischen den Scheibenankern von Desroziers und Fanta und demjenigen von Jehl und Rupp besteht noch darin, daſs bei den erstern die zu einer Spule gehörigen radialen Leiter in verschiedenen magnetischen Feldern liegen und gleichzeitig induziert werden, während bei dem letztern sich stets nur

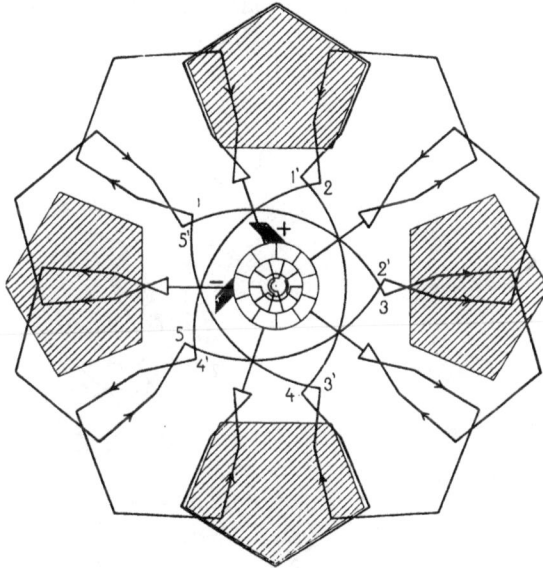

Fig. 131.

eine Seite der Spule im magnetischen Felde bewegt. Die Öffnung jeder Spule ist hier um etwas gröſser als die Polfläche. Würde sich die Öffnung genau mit der Begrenzung der Feldmagnete decken, so wäre der neutrale Raum gleich Null, es ist daher geboten, die Spulen zu erweitern.

Die Herstellung der Spulen aus Metallstreifen, welche in zwei verschiedenen Ebenen liegen, kann mit Vorteil auch für andere Wicklungen angewendet werden.

Scheibenanker von W. Fritsche[1]).

Das Verdienst, die Konstruktion von Jehl und Rupp mit der von Andrews[2]), Perry und Desroziers angewandten Schaltung

---

[1]) D. R. P. No. 45808 v. 19. Juni 1887.
[2]) Kittler, Handb. I. T. Stuttgart 1886. S. 532.

vereinigt und einen Scheibenanker von möglichst einfacher Bauart erdacht zu haben, gebührt W. Fritsche.

Der wesentlichste Unterschied des Scheibenankers von Fritsche gegenüber demjenigen von Desroziers und Jehl und Rupp beruht darin, daſs die Ankerwicklung aus lauter geraden Stäben hergestellt ist, welche in zwei zu einander parallelen Ebenen untergebracht sind. Die Verbindungsweise der Stäbe entspricht der allgemeinen Regel.

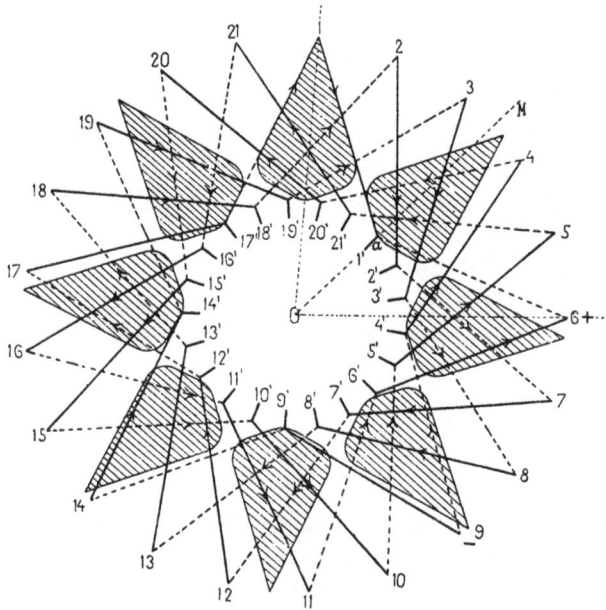

Fig. 132.

In Fig. 132 ist für $n = 8$, $z = 42$, $\dfrac{z}{2} = 21$ Elemente, $y = 5$ die Ankerwicklung von Fritsche dargestellt. Der Stab 1 ist mit dem Stabe $1 + y = 6$ zu verbinden. Wir halbieren den Winkel zwischen 1 und 6 durch die Linie OM, dieselbe schneidet den innern Begrenzungskreis der Armatur in a; $1\,a$ und $6\,a$ geben jetzt die Lage der Stäbe.

Aus dem Schema Fig. 117 kann man sich die Wicklung von Fritsche entstanden denken, indem man die Polygonform der

Spulen durch die Dreieckform ersetzt und die Polschuhe so gestaltet, dafs keine einander entgegenwirkenden elektromotorischen
Kräfte induziert werden. Dieselbe Wicklung entsteht, wenn wir
das Schema Fig. 86 a hochkant zur Kreisform aufrollen.

Ein Vergleich des Scheibenankers von Fritsche mit dem
Ringanker von Andrews, Fig. 49, ergibt, dafs, wenn wir in der
letztern Figur 1 mit 1', 2 mit 2' u. s. f. in einen Punkt zusammenfallen lassen, uns die Querverbindungen der Spulen für sich allein
das richtige Schema eines Scheibenankers nach Fritsche für $n = 6$
$z = 32$, $y = 5$ darstellen.

Als Kollektor benutzt Fritsche die am äufsern Umfange
liegenden Verbindungsstücke der zu einem Knotenpunkte gehörigen
Stäbe. Die Lage der Bürsten am äufsern Umfange des Ankers
ist in der Figur eingezeichnet. Die Stäbe selbst bestehen aus
gebogenem Flacheisen, deren innere und äufsere Enden mit den
Verbindungsstücken verlötet sind. Das ganze Stabsystem wird
schliefslich fest mit der Nabe verbunden.

B. Offene Ankerwicklungen.

Die offenen Ankerwicklungen, deren Entstehung auf Seite 7 erläutert wurde, haben durch die Maschinen von Brush und Thomson-Houston praktische Bedeutung erlangt. Auf die vielen Eigentümlichkeiten und die Wirkungsweise dieser Maschinen soll hier nicht näher eingegangen werden, in den Handbüchern von Prof. E. Kittler und S. P. Thompson sind dieselben ausführlich behandelt. — Die Ankerwicklungen dieser Maschinen sind in den nachstehenden Darstellungen enthalten.

1. Ringankerwicklungen.

Ringanker von Brush. (Fig. 133.)

Es sind im ganzen acht Spulen vorhanden, welche sämtlich in gleichem Sinne gewickelt sind. Die hintern Enden zweier diametral gegenüberliegenden Spulen, also 1—1, 2—2, 3—3, 4—4 sind miteinander verbunden; in der Figur sind diese Verbindungen durch punktierte Linien markiert. Die beiden vordern Enden eines jeden Spulenpaares sind nach dem Komutator geführt.

Der Komutator besteht aus vier, auf der Achse nebeneinander gelagerten Ringen und jeder Ring aus zwei Segmenten, von denen jedes $^3/_8$ des Kreisumfanges einnimmt. In der Figur sind alle Ringe in die Papierebene gelegt und daher mit verschiedenen Durchmessern gezeichnet. Die zwei innern Ringe, mit den gemeinschaftlichen Bürsten P_1 und P_2, sind um 90° gegeneinander versetzt, und stehen mit den Spulenpaaren 1—1 und 3—3 in

Verbindung, welche ebenfalls einen Winkel von 90° miteinander einschliefsen. Die zwei äufsern Ringe mit den Bürsten Q_1 und Q_2 sind an die übrigen Spuleu 2—2, 4—4 angeschlossen und um 45° gegenüber dem ersten Ringpaare verdreht.

Bei der angenommenen Lage und Drehungsrichtung der Spulen hat die elektromotorische Kraft in 1—1 ihr Maximum erreicht, in 4—4 nimmt dieselbe zu und in 2—2 ab, während sich 3—3 in der neutralen Lage befindet. Der Strom tritt bei P_1 in

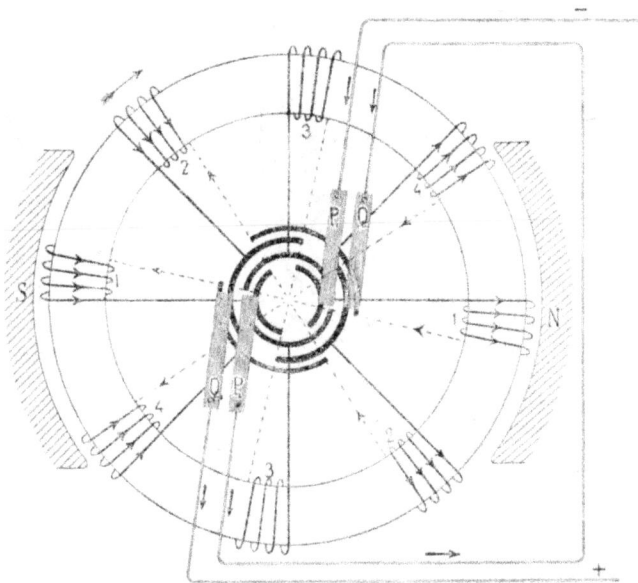

Fig. 133.

die Armatur ein, durchläuft das Spulenpaar 1—1, gelangt zur Bürste P_2, von da zur Bürste Q_1 und dann durch die parallel verbundenen Spulen 2—2, 4—4 nach Q_2 und schliefslich durch den äufsern Stromkreis zurück nach P_1. — Das Spulenpaar 3—3 ist ganz ausgeschaltet. — Wechseln die Spulen ihre Lage, so ändert sich dementsprechend auch ihre Reihenfolge in der Stromrichtung. Jede Spule wird pro Umdrehung zweimal auf ⅛ des Weges ausgeschaltet und zwar dann, wenn sich ihre elektromotorische Kraft der Null nähert, oder davon entfernt. Diejenigen Spulenpaare, welche sich vor und nach der Lage der maximalen Induktion befinden, sind stets parallel geschaltet.

Die Zahl der Spulen läfst sich für die Brushschaltung beliebig vermehren; je zwei Spulen entspricht ein Komutatorring, und je vier um 90° gegeneinander versetzten Spulen ein gemeinschaftliches Bürstenpaar. Die letztern werden hintereinander verbunden.

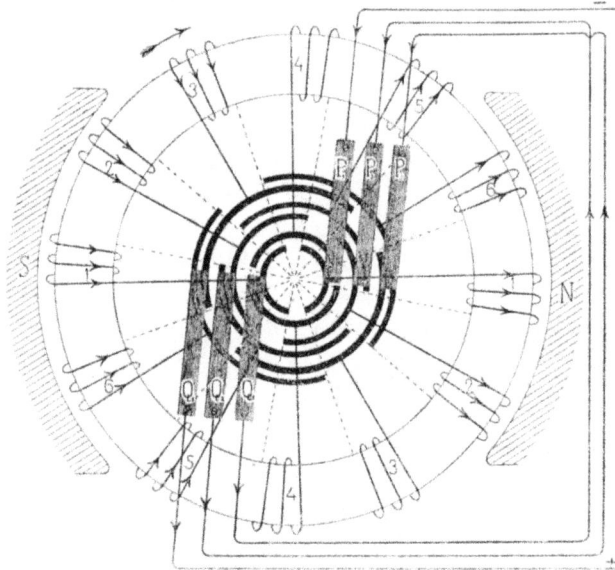

Fig. 134.

Der Anker des gröfsten Modells der Brush-Maschinen enthält jedoch nur zwölf Spulen; das zugehörige Schema zeigt **Fig. 134.**

In dem dargestellten Momente bewegen sich die Spulen 4—4 durch die neutrale Zone und sind aus dem Stromkreise ausgeschlossen. Der Strom verfolgt die Richtung

$$P_1 - 1 - Q_1 - P_2 \left\langle \begin{matrix} 5 \\ 2 \end{matrix} \right\rangle Q_2 - P_3 \left\langle \begin{matrix} 6 \\ 3 \end{matrix} \right\rangle Q_3 -$$

äufserer Stromkreis und zurück nach P_1.

2. Trommelankerwicklungen.

Ankerwicklung von Thomson-Houston.

Fig. 135 bis 138. Auf einem eisernen Kerne, von der Form einer kleinen Riemenscheibe mit kugeligem Kranz und ebenen geschlossenen Seitenflächen, werden drei Spulen so aufgewunden,.

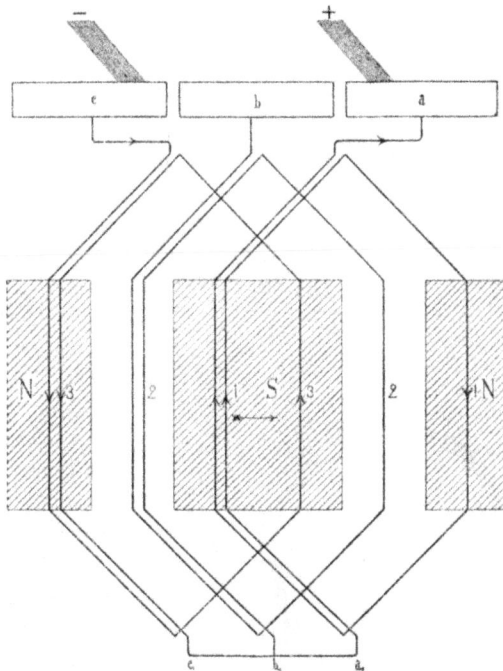

Fig. 135.

dafs sich dieselben unter einem Winkel von 120° kreuzen. Damit die Spulen gleiche Drahtlänge und gleichen mittlern Abstand von den hohlkugelig gestalteten Polflächen erhalten, wickelt man zunächst die Hälfte der ersten Spule, dann die Hälfte der zweiten, nunmehr die dritte Spule vollständig und endlich die zweite Hälfte der zweiten und ersten Spule. Die Anfänge der drei Spulen werden miteinander verbunden und die Enden zu den Segmenten eines dreiteiligen Komutators geführt. Der fertige Anker besitzt eine kugelige Gestalt.

In Fig. 135 ist das in die Ebene ausgebreitete Schema einer solchen Wicklung dargestellt. Die Anfänge a_1, b_1, c_1 der Spulen

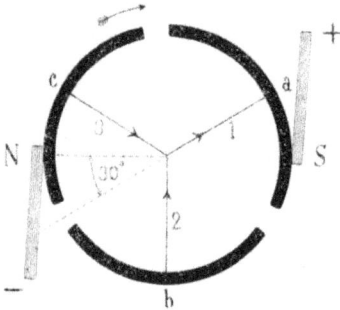

Fig. 136.

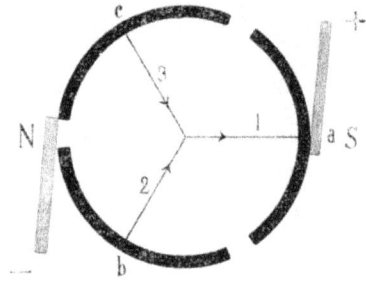

Fig. 137.

1, 2, 3 sind miteinander verbunden und die Enden zu den Segmenten a, b, c geführt. Die Spule 2 befindet sich gerade in der neutralen Lage und ist aus dem Stromkreise ausgeschlossen.

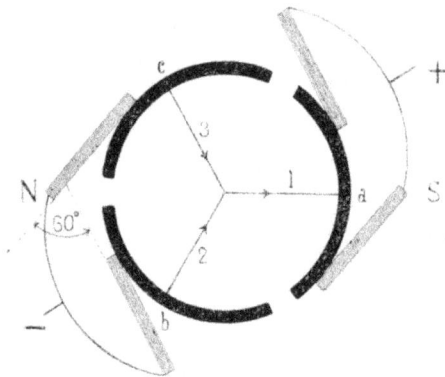

Fig. 138.

Die Lage der Spulen zum Komutator und zu den Bürsten in dem auf den Ankerkern aufgewickelten Schema wird durch Fig. 136 veranschaulicht. Die Spulen 1, 2, 3 sind durch Radien angedeutet, welche von den Komutatorsegmenten a, b, c zum Mittelpunkte gehen. NS gibt die Lage der Pollinie. Nach einer Drehung von 30° (Fig. 137) gelangt 1 zur gröfsten Wirksamkeit, 2 nähert sich dieser Lage und 3 der neutralen Linie. Durch die auf b und c gleichzeitig aufliegende Bürste sind die Spulen 2 und 3 parallel verbunden. Nach einer weitern kleinen Drehung wird 3 aus dem Stromkreise ausgeschaltet und durch Spule 2 ersetzt.

Die Parallelschaltung zweier Spulen dauert somit nur sehr kurze Zeit; um diese zu verlängern und die Wirksamkeit der magnetischen Felder besser auszunützen, könnte man, ebenso wie bei der Brushmaschine, die Komutatorsegmente so verlängern, daſs sie sich auf eine gewisse Strecke übergreifen. Thomson-Houston erreichen denselben Zweck durch Anwendung eines zweiten Bürstenpaares (Fig. 138), welches mit dem andern einen Winkel von ca. 60⁰ einschließt. Die gleichnamigen Bürsten sind leitend miteinander verbunden.

3. Scheibenankerwicklungen.

Scheibenanker von Wilde.

H. Wilde ließ sich im Jahre 1867 eine Wechselstrommaschine patentieren, deren Anker so eingerichtet ist, daſs ein Teil des Wechselstromes mittels eines Komutators gleichgerichtet und zur Erregung der Feldmagnete verwendet werden kann.

In **Fig. 139** ist eine solche Anordnung dargestellt. Durch acht magnetische Felder, welche mit abwechselnder Polarität aufeinanderfolgen (über jedem Nordpol hat man sich einen Südpol und über jedem Südpol einen Nordpol zu denken) rotieren ebensoviele Spulen, welche ihre offene Fläche den Polen zukehren. Sämtliche Spulen sind hintereinander geschaltet und so angeordnet, daſs der Stromwechsel in allen gleichzeitig eintritt.

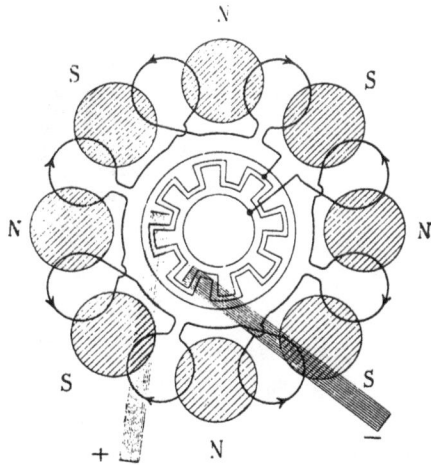

Fig. 139.

Der Stromwender, der hier der Deutlichkeit wegen in der Ebene der Spulen gezeichnet ist, besteht aus zwei von einander isolierten, zahnartig ineinander greifenden Metallringen. Jeder Teil besitzt eben so viele Zähne als magnetische Felder vorhanden

sind; der eine derselben ist mit dem Anfange, der andere mit
dem Ende der Wicklung verbunden, Läfst man zwei Bürsten so
auf den ineinandergreifenden Zähnen schleifen, dafs beide Ringe
abwechselnd mit jeder Bürste in Berührung treten, so erhält man
im äufsern Stromkreise einen gleichgerichteten Strom.

Anstatt die Spulen in Reihe zu schalten, können dieselben,
indem man Anfang und Ende jeder Spule mit den Komutator-
teilen verbindet, auch parallel geschaltet werden.

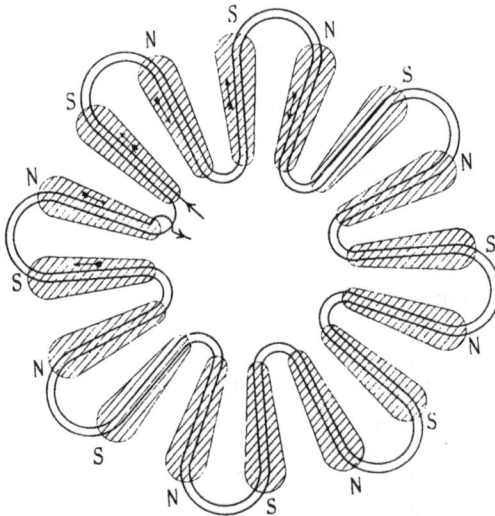

Fig. 140.

Scheibenanker von Ferranti-Thomson.

Ebenso wie bei der Maschine von Wilde, bilden auch hier die
Elektromagnete zwei Kränze, welche einander so gegenüber gestellt
sind, dafs die magnetischen Felder mit wechselnder Polarität aufeinanderfolgen. Die Armatur besteht aus einem wellenförmig
gebogenen, in mehreren isolierten Lagen übereinander gewundenem
Kupferband (in **Fig. 140** sind nur zwei Lagen angenommen).

Die radialen Teile desselben haben gleichen Abstand wie die
Magnetpole. Die in entgegengesetzter Richtung induzierten elektro-

motorischen Kräfte addieren sich im Kupferbande zu einer gesamten elektromotorischen Kraft. In der gezeichneten Stellung befindet sich die Armatur in der Lage maximaler Induktion. Um im äußern Stromkreise einen Gleichstrom zu erhalten, sind Anfang und Ende des Kupferbandes ebenso wie in Fig. 139 mit einem Stromwender zu verbinden. An Stelle der Bürsten verwendet Ferranti zum Abnehmen des Stromes Metallscheiben mit Nocken [1]).

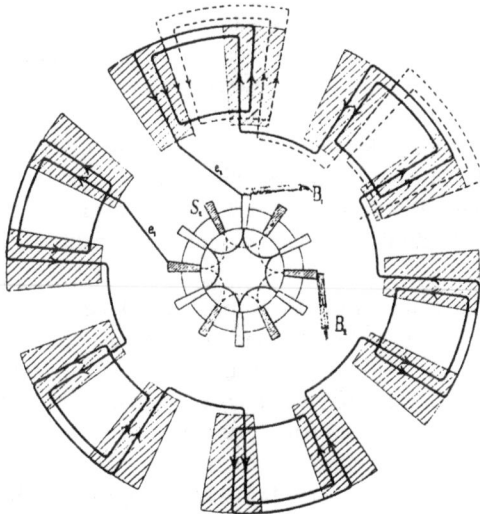

Fig. 141.

Scheibenanker von Bollmann [2]).

Die Ankerwicklung von Bollmann hat am meisten Ähnlichkeit mit derjenigen von Ferranti-Thomson. Der Unterschied besteht darin, daß in dem Anker von Bollmann mehrere Stromkreise vorhanden sind und daß die Spulen der einzelnen Stromkreise sich übergreifen. Löst man einen einzelnen Stromkreis von dem Schema los, so erhält man eine Wicklung, deren Wirkungsweise genau mit derjenigen des Ankers von Ferranti-Thomson übereinstimmt.

---

[1]) Vgl. Kittler, Handb. II. T. S. 36.
[2]) D. R. P. No. 35186 v. 18. Nov. 1884. — Kittler, Handb. II. T. S. 37.

Die schematische Darstellung der Bollmannmaschine gibt
Fig. 141. Zwei Magnetkränze, welche die ungleichnamigen Pole
einander zukehren, bilden zwölf magnetische Felder, die im Kreise
mit abwechselnder Polarität einander folgen. Im ganzen sind
24 Armaturspulen vorhanden, welche in vier Stromkreise zu sechs
Spulen geteilt sind.

Die Spulen sind aus Kupferstreifen zusammengesetzt und die
Armatur enthält kein Eisen.

Jede Spule besteht aus mehreren Windungen (in der Figur
sind zwei Windungen angenommen), die aus radialen Stäben und
Kreissegmenten so zusammengesetzt sind, dafs die Luft überall
frei zirkulieren kann und der Strom alle Windungen hintereinander
durchläuft. Die Winkelweite der Spulen ist gleich dem Winkel
zwischen zwei Magnetpolen; es wird daher jede Spule von zwei
Feldern gleichzeitig induziert. In unserer Figur ist nur ein
Stromkreis vollständig gezeichnet und ein zweiter zum Teil angedeutet.

Damit der Abstand der Pole möglichst klein ausfällt, sind die
radialen Stäbe sämtlicher Spulen in eine Ebene gelegt. Sollen
dadurch keine Kreuzungen entstehen, so müssen
die Kreissegmente, welche die radialen Stäbe
zu Spulen verbinden, aus der Ebene heraus-
treten.

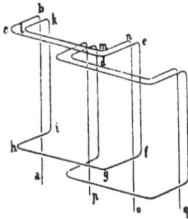

Fig. 142.

In **Fig. 142** ist das perspektivisch angedeutet:
$a\,b$, $i\,k$, $o\,n$, $f\,e$ sind die radialen Stäbe und
$b\,c\,d\,e$, $f\,g\,h\,i$, $k\,l\,m\,n$ die Kreissegmente. Die
Lage der benachbarten Spule, welche einem
andern Stromkreise angehört, ist durch den
Linienzug $p\,q$ angegeben. Die Ausbiegung der
Kreissegmente erfolgt für zwei Stromkreise vor die Armaturebene
und für zwei Stromkreise hinter dieselbe.

Der Komutator ist ein vervielfachter (in unserm Falle ver-
vierfachter) Stromwender von Wilde. Derselbe besteht aus $2s = 48$
Lamellen, und die beiden Enden eines jeden Stromkreises sind
mit je $\frac{n}{2} = 6$ Lamellen verbunden. Die gegenseitige Stellung der
Lamellen ist aus unserer Figur ersichtlich. Alle schraffierten
Segmente sind mit e_1, und alle nicht schraffierten mit e_2 in

Verbindung. Die Entfernung zweier Segmente eines Stromkreises beträgt somit $\frac{1}{n} = \frac{1}{12}$ des Umfanges.

Fig. 143 gibt die Ansicht des in die Papierebene ausgebreiteten Kollektorumfanges und zeigt, daß die Segmente schief zur Achse stehen, was bezweckt, daß die Bürsten gleichzeitig auf zwei, und zeitweise auf drei Lamellen aufliegen können. Die in zwei bzw. drei Stromkreisen induzierten Ströme werden sich auf diese Weise addieren, während die vierte Spulenreihe ganz aus dem Stromkreise ausgeschlossen ist und zwar in dem Momente, in welchem ihre elektromotorische Kraft $= 0$ ist und ein Stromrichtungswechsel sich vollzieht.

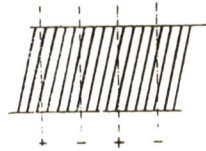

Fig. 143.

Die $+$ und $-$ Zeichen in Fig. 143 geben die Entfernungen an, innerhalb welchen am Kollektor die Stromrichtungen wechseln. Die Bürsten können daher 1, 3, 5, 7, 9 oder 11 Zwölftel des Umfanges von einander entfernt sein.

Verbindung. Die Entfernung zweier Segmente eines Stromkreises beträgt somit $\frac{1}{n} = \frac{1}{12}$ des Umfanges.

Fig. 143 gibt die Ansicht des in die Papierebene ausgebreiteten Kollektorumfanges und zeigt, daſs die Segmente schief zur Achse stehen, was bezweckt, daſs die Bürsten gleich-zeitig auf zwei, und zeitweise auf drei Lamellen aufliegen können. Die in zwei bzw. drei Stromkreisen induzierten Ströme werden sich auf diese Weise addieren, während die vierte Spulenreihe ganz aus dem Stromkreise aus-geschlossen ist und zwar in dem Momente, in

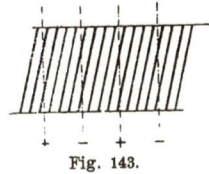

Fig. 143.

welchem ihre elektromotorische Kraft $= 0$ ist und ein Strom-richtungswechsel sich vollzieht.

Die $+$ und $-$ Zeichen in Fig. 143 geben die Entfernungen an, innerhalb welchen am Kollektor die Stromrichtungen wechseln. Die Bürsten können daher 1, 3, 5, 7, 9 oder 11 Zwölftel des Umfanges von einander entfernt sein.

Druck von R. Oldenbourg in München.

www.ingramcontent.com/pod-product-compliance
Lightning Source LLC
Chambersburg PA
CBHW031446180326
41458CB00002B/666